Imprimerie PETITHENRY, 8, rue François Ier, Paris.

LES TROIS VIERGES NOIRES

DE

L'AFRIQUE ÉQUATORIALE

Imprimerie E. PETITHENRY, 8, rue François Ier, Paris.

LES

TROIS VIERGES NOIRES

DE

L'AFRIQUE ÉQUATORIALE

PAR

Fl. BOUHOURS

PARIS

8, RUE FRANÇOIS Iᵉʳ

—

1891

LES
TROIS VIERGES NOIRES

DE

L'AFRIQUE ÉQUATORIALE

CHAPITRE PREMIER

A quelques jours de voyage en chemin de fer
et en paquebot, de l'Europe, opulente et fastueuse,
a lieu en ce moment une exhibition plus formidable que les tableaux les plus sinistres de tous
les romanciers réunis. C'est l'Afrique équatoriale
qui se dresse devant nous comme un spectre
hideux. Son aspect nous glace. Elle nous présente l'exhibition de ses plaies, et tournée vers
l'Europe en armes, en fêtes et en expositions,
elle nous crie cette triple malédiction :

« Mes fils sont fétichistes en nombre immense.
Ils adorent leur gris-gris et se moquent de leur

Créateur : c'est toi, Europe, qui es coupable de ce crime !

» Un nombre considérable de mes fils subit l'esclavage, et d'autres vont tous les jours glissant, pour leur malheur, du fétichisme vers l'islamisme : c'est toi, Europe, qui en est responsable devant le ciel et la terre !

» L'esclavage en Afrique est un état normal, un esclave bestial, pire que ceux des Romains, des Grecs et des barbares d'autrefois réunis : c'est toi, Europe, qui es cause de ce malheur ! »

A l'appel suprême de ces peuples assis à l'ombre de la mort, une voix a répondu : celle du Souverain-Pontife Léon XIII. Fidèle écho de cette voix bénie, le grand apôtre de l'Afrique, le noble cardinal Lavigerie a prêché la croisade en faveur de l'abolition de l'esclavage.

Qu'est-il donc, cet esclavage ?

La traite actuelle s'adresse particulièrement aux femmes et aux enfants. Le nègre adulte est trop dangereux à capturer, trop difficile à garder. Les ignominies de la traite pèsent aujourd'hui sur ces êtres sacrés entre tous, à qui nous réservons nos respects les plus attentifs, nos tendresses les plus vives, dont la faiblesse même relève à nos yeux la grandeur sublime : la femme et l'enfant.

Quelle est l'étendue du territoire où s'exerce la traite ?

Examinez la carte de l'Afrique équatoriale : le regard se trouble à l'aspect de ces zones immenses et sanglantes, et de ces mille canaux par lesquels s'échappent, perdues et déshonorées, la vie africaine et les âmes des nègres de ces régions. Il se fait là une perte de 500 000 existences par an... et, pour chaque esclave vendu, 50 créatures humaines ont été détruites.

Nous entreprenons de raconter l'Odyssée de trois jeunes négresses, vierges noires des bords du lac Tanganica. Puisse notre récit donner une faible idée des crimes, des cruautés, des infamies de tout genre qu'entraînent l'esclavage et le commerce auquel il donne lieu.

Dans le nord et l'est de l'Afrique, ce sont les musulmans qui, soit par eux-mêmes, soit par les nègres qu'ils ont associés à leur commerce, sont les pourvoyeurs de l'esclavage. La société musulmane considère les noirs comme une race inférieure, tenant le milieu entre l'homme et la bête; et elle est pour eux sans pitié. Les mahométans ont donc à leurs gages des bandes de pillards et d'assassins appelés *Rougas-Rougas,* qui pénètrent, pour leurs brigandages, dans les pays des nègres idolâtres.

Les Etats barbaresques et, disons-le la honte au front, l'Algérie elle-même, l'Égypte, Zanzibar, le Soudan mahométan, sont le point de départ de ces tristes expéditions. Souvent, elles se bornent à la chasse de quelques individus isolés, de femmes, d'enfants qui s'écartent de leurs demeures. Mais, souvent aussi, ce sont des attaques en règle.

Les villages paisibles des nègres de l'intérieur sont cernés tout à coup, pendant la nuit, par ces féroces aventuriers. Presque jamais les nègres qui n'ont pas d'armes à feu, ne peuvent se défendre ; et ceux qui le font sont bientôt massacrés par des hommes armés jusqu'aux dents. Ces malheureux fuient dans les ténèbres ; mais tout ce qui est pris est immédiatement enchaîné et entraîné, femmes et enfants de préférence, vers un marché de l'intérieur. On les y mène la cangue au cou, pieds et mains liés, de contrées situées à 60, 80 et 100 jours de marche.

Alors commence pour eux une série d'ineffables misères, que nous exposerons dans la suite de ce récit. Que le lecteur veuille bien nous suivre au cœur du pays des esclaves.

A quelques heures de marche, au nord d'Ujiji, se dresse la chaîne de montagnes de l'Ouroundi. Sur le versant méridional d'une de ces montagnes et caché dans les fourrés, se dressait, naguère encore, un charmant village habité par les Wabikari. Ces nègres étaient de beaux hommes, forts, robustes, tous agriculteurs. Leur costume, en rapport avec la température du pays, température qui s'élève sur les hauts plateaux à 30 degrés, était des plus simples, une jupe de peau leur suffisait, comme à tous les indigènes.

« A quoi bon des étoffes, disaient-ils, lorsque nous avons pour nous habiller les peaux de chèvres et de singes, beaucoup plus solides que des étoffes ? Pour des hommes qui, comme nous, doivent parcourir les bois, l'œil au guet, la lance à la main, à la poursuite du gibier, les vêtements de peaux résistent aux épines, tandis que la moindre branche met les étoffes en lambeaux. De plus, les nègres des Arabes ont tous des étoffes, et nous ne voulons pas leur ressembler. »

Dans leurs champs, les Wabikari cultivaient en abondance le maïs, le mtama ou sorgho, la patate, le manioc et les bananiers. Les troupeaux de moutons et de cabris qu'ils élevaient en grand, faisaient leur principale richesse. Un étroit sentier soigneusement détourné conduisait à leur village, qu'ils avaient entouré de lianes, d'épines, de broussailles, et fortifié avec des palissades faites de gros morceaux de bois et de troncs d'arbres. L'entrée en était masquée par un tas de cendre. Les cases étaient toutes en paille, rondes, distribuées sans ordre : on aurait dit des meules de foin. L'aspect et la composition de ce village étaient, à peu de chose près, ceux de tous les villages de l'Afrique équatoriale.

Sur le haut plateau de l'Ouroundi, où la nature

1.

semble avoir voulu déployer toutes ses magnificences, les Wabikari vivaient heureux ; les pauvres noirs, au cœur si bon et si dévoué, ne redoutaient que les métis musulmans et leurs *Rougas-Rougas*. Quand ils apercevaient à l'horizon lointain des flammes montant jusqu'aux nues, ils rentraient en toute hâte dans leur village et, tout remplis d'effroi, se réfugiaient dans leurs cases. Les mères embrassaient étroitement leurs petits enfants, les jeunes filles s'écriaient : « *Hai n'yavio !... Hai n'yavio !....* » O ma mère ! O ma mère !... Les hommes fourbissaient leur lance et aiguisaient leurs flèches pour défendre leurs foyers et vendre chèrement leur vie. Les flammes qu'ils apercevaient ne leur disaient que trop que les esclavagistes étaient en route. Ils savaient qu'ils mettaient le feu aux villages pendant la nuit, et qu'à la faveur du désordre et de l'obscurité, ils faisaient des milliers de victimes et des centaines d'esclaves. Alors les Wabikari tremblaient comme les autres noirs de l'Afrique équatoriale tremblent toujours encore, à la vue de ces immenses incendies.

Pourquoi donc la vie de famille et la liberté ne leur seraient-elles pas aussi chères qu'à nous ?... N'ont-ils pas le même Dieu que nous pour Créateur et pour Rédempteur ? Le lait dont la négresse allaite son enfant est aussi blanc que celui qui nous a nourris ! Et si les indigènes de l'Afrique équatoriale ne connaissent pas encore le Dieu que nous adorons, notre Père commun, qui règne dans les Cieux, ils le connaîtront un jour et ne le renieront point comme ceux qui leur font la chasse, ou comme certains riches maudits de l'Europe indifférente, à qui leurs richesses ne servent que d'aliment à leur faste et à leur corruption.

Aujourd'hui, le village des Wabikari n'est plus qu'un monceau de cendres. Quelques rares habitants ont pu échapper au massacre et à l'esclavage. Ils se sont enfoncés dans les jungles d'où ils sortent parfois pour venir contempler d'un œil morne l'endroit où se trouvaient leurs cases et leurs familles. Le moindre souffle de la brise dans les hautes herbes les fait tressaillir ; et, désirant garder jusqu'à la mort leur liberté, ils retournent dans les jungles où les bêtes féroces mettent fin à leur immense infortune.

Que s'est-il donc passé ?

Les esclavagistes musulmans et leurs *Rougas-Rougas* ont fait une razzia dans l'Ouroundi, et la solitude et la désolation règnent maintenant à la place de l'activité et de la joie ; cela eut lieu dans les derniers jours de septembre 1887. Mais n'anticipons pas.

Depuis dix ans, deux caravanes de missionnaires français, parties successivement, à un an de' distance (1878-1879), sont installées dans l'Afrique équatoriale : l'une auprès des lacs *Victoria et Albert Nyanza*, l'autre sur les côtes du lac Tanganica, dans l'Ouroundi. A l'heure où nous écrivons ces lignes, la première de ces missions a été saccagée et incendiée; les orphelinats ont été détruits, et les missionnaires, avec Mgr Livinhore à leur tête, enfermés dans une prison et, pendant une semaine entière, exposés aux insultes et à la mort. Ces vaillants missionnaires sont les *Pères Blancs* de son Éminence le cardinal Lavigerie. Dans la mission du lac Tanganica, se trouve le P. Dromaux, un ancien zouave pontifical. Quelques-uns de ses vieux frères d'armes ont accompagné les missionnaires pour les seconder; de ce nombre est le brave capitaine Joubert.

La station des missionnaires français du Tanganica se trouvait alors établie à l'ombre d'un massif d'arbres touffus, sur le penchant d'une colline, à cinquante mètres des bords du lac. Devant la station dormaient les eaux paisibles de cette mer intérieure sillonnée par une multitude de barques de pêcheurs. Au-delà, on apercevait un peu dans la brume la pointe de la grande île Mouzimou, et les montagnes de la rive opposée se dessinaient vaguement à l'horizon. A droite et à gauche, de toutes parts, s'étendaient des champs bien cultivés de manioc entremêlés de bananiers et de palmiers à huile.

Les Pères Blancs n'avaient pas tardé à devenir les amis des noirs du voisinage, qui les voyaient racheter de jeunes esclaves, quand les chaînes de prisonniers passaient, et qui en rachetaient autant que le leur permettaient leurs faibles ressources. C'est par ces rachats que les Pères avaient commencé leur mission; et, deux ans après leur arrivée au pays des nègres, ils avaient déjà racheté un certain nombre d'enfants, à qui ils apprenaient à lire, et qu'ils destinaient à former le commencement de villages chrétiens dans l'Afrique équatoriale.

Les missionnaires avaient parcouru les environs, mais n'avaient encore eu aucun rapport avec les Wabikari, quand un accident leur fournit tout à coup l'occasion d'entrer en relation avec eux.

C'était par une splendide matinée du mois de février 1881. Les Pères Blancs, assis sous les grands palmiers de leur résidence, catéchisaient leurs pauvres négrillons orphelins, en face du lac Tanganica. Le spectacle était grandiose. Devant eux, les montagnes d'Ougoma avaient l'air de se confondre avec les nuages lointains, tandis qu'à leurs pieds la côte était couverte d'une épaisse végétation de roseaux d'un vert brillant. Çà et là des espaces libres montraient des plages de sable jaune et des récifs en miniature rouge-clair, avec des palmiers bordant la rive; des mouettes, des plongeons, des cormorans, des martins-pêcheurs et autres oiseaux animaient la scène et, dans le lointain, des îles flottantes de hautes herbes ressemblaient à s'y méprendre à des navires sous voiles.

Ce jour-là, les Wabikari étaient venus pêcher et leurs barques légères, formées de longues pièces de bois d'ambatch, essence plus légère que le liège, rasaient le lac avec rapidité. L'une d'entre elles était montée par trois nègres de 16 à 20 ans. Ils longeaient avec beaucoup d'adresse les bords du lac du côté de la mission, et s'arrêtèrent bientôt en face de la résidence des missionnaires. L'aîné des trois nègres sauta à l'eau: il en avait jusqu'à la ceinture. Alors il plongea son filet, d'une façon très originale, aux pieds des roseaux de la rive et le retira un instant après; une quinzaine de beaux poissons y frétillaient.

Tout à coup un long cri de détresse retentit. Le P. Dromaux leva la tête: un énorme crocodile venait de saisir le hardi pêcheur par le bras, au moment où il replongeait son filet. Un de ses compagnons le saisit à bras-le-corps, pendant que l'autre assénait sur la tête du terrible amphibie, de formidables coups de pagaie.

Prompt comme l'éclair, le P. Dromaux avait saisi l'une des carabines du capitaine Joubert et s'était mis dans la position du tireur à genoux.

Les trois nègres et le monstre formaient une masse confuse : tirer, c'était risquer de tuer un homme. Le missionnaire n'hésita pas pourtant. Il leur cria d'une voix calme, en langue kisvahili : « Ne bougez plus !... » et fit feu... Le crocodile, frappé derrière l'œil, lâcha prise et tourna sur lui-même le ventre en l'air. Les missionnaires descendirent au bord du lac et invitèrent les trois Wabikâri à les accompagner. Ils acceptèrent ; mais à peine eurent-ils mis le pied sur la terre ferme que le blessé s'évanouit.

— O Pères Blancs, s'écrièrent ses deux compagnons, sauvez Caniata ! sauvez Caniata ! c'est notre frère !...

— Prenez-le dans vos bras, leur dit le P. Dromaux, et suivez-nous.

Caniata fut déposé par terre et appuyé contre un palmier, devant la résidence des missionnaires. Son bras était dans un état lamentable ; les chairs étaient déchirées jusqu'à l'os ; le sang coulait en abondance, une sueur froide perlait au front du pauvre noir. Les Pères Blancs le pansèrent et lui firent prendre un cordial. Alors Caniata ouvrit les yeux et de grosses larmes, limpides et diamentées comme les nôtres, roulèrent sur ses joues.

— Pourquoi pleures-tu, Caniata ? lui demanda P. Dromaux.

— Parce que je vais perdre mon bras et que je

ne pourrai plus ni pêcher, ni cultiver la terre, ni
tendre l'arc, ni brandir ma lance contre les
Rougas-Rougas, s'ils viennent un jour pour faire
de nous des esclaves.

— Console-toi, Caniata ; les Pères Blancs te
guériront avec la grâce de Dieu. C'est pour aimer,
soigner, racheter et sauver les noirs qu'ils ont
quitté leur beau pays de France et leurs familles.
Reste avec nous et nous t'aimerons, et nous te
soignerons jusqu'à ce que tu sois guéri.

— Ah ! je le veux bien ! vous êtes bons, vous
êtes savants et vous me rendrez mon bras... Je
le veux bien, si Moéné et Mbamé y consentent.

— Moéné et Mbamé sont tes deux frères ?

— Mes deux frères, oui.

— Eh bien! ils y consentent : n'est-ce pas
Moéné, n'est pas Mbamé ?

— Oui, Pères Blancs ; vous êtes bons et vous
aimez les pauvres noirs. Mais nous ne sommes
pas riches.

— Nous ne vous demandons rien, amis. Allez
dire à vos parents que nous allons soigner et
guérir votre frère Caniata ; et dites en même temps,
à tous les membres de votre tribu, que nous
sommes ici pour les aimer et pour les servir.

Moéné sauta au cou du P. Dromaux et l'embrassa avec effusion, pendant que Mbamé, qui
avait couru à leur embarcation, déposait aux
pieds des missionnaires le produit du coup de

fllet de Caniata. Alors les deux nègres tirèrent leur légère embarcation hors de l'eau, et l'ayant placée sur leurs épaules, quittèrent la résidence des missionnaires, en disant :

— A bientôt, Pères Blancs ! A bientôt Caniata !

Les Pères se remirent à catéchiser leurs orphelins en compagnie de leur cher blessé, qui écoutait avidement l'exposé de la doctrine chrétienne si nouvelle pour lui.

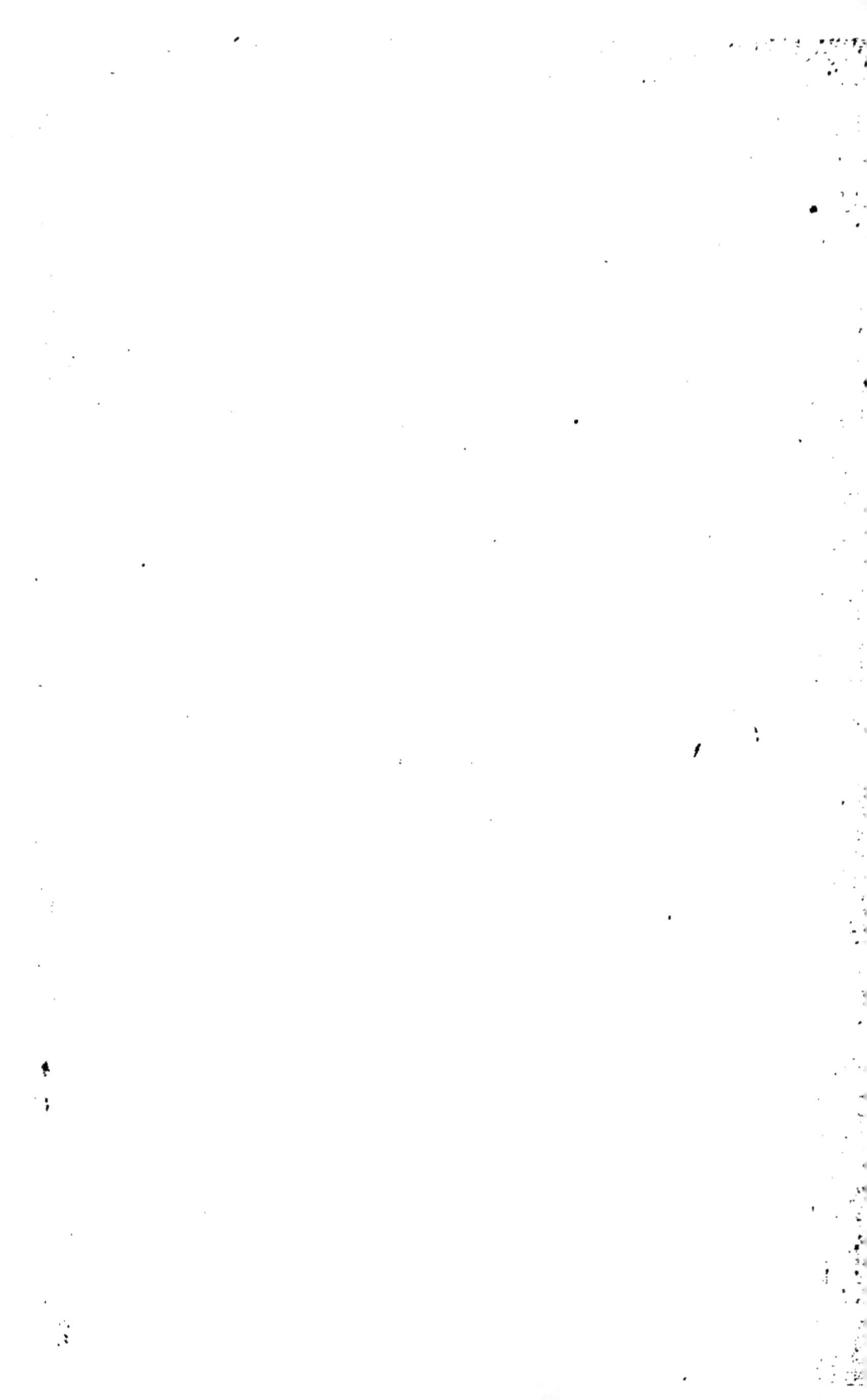

CHAPITRE II

Dans l'Afrique équatoriale, le commerce des esclaves et de l'ivoire semble être le métier le plus lucratif; et parmi les esclaves, le sort des femmes est le plus triste de tous.

De là les efforts de nos missionnaires, pour établir des orphelinats de jeunes filles, pour leur donner un profond sentiment de leur dignité.

Les Pères Blancs ne purent, dès le début, racheter de jeunes orphelines, n'ayant ni familles chrétiennes pour les placer, ni religieuses pour les élever. Plus tard, ils commencèrent à en libérer quelques-unes qu'ils confièrent à de bonnes chrétiennes, et peu de temps après, la divine Providence leur fournissait le moyen de développer cette œuvre.

Pendant une persécution esclavagiste, un nègre, converti et baptisé sous le nom de Noé, fut mis à mort. Sa sœur, convertie comme lui et baptisée sous le nom de Cécile, se livra elle-même aux meurtriers de son frère, dans l'espoir de mourir comme lui pour la foi. Ayant été épargnée, elle fut amenée à la mission du lac Tanganica. Sa mère vint bientôt l'y rejoindre et toutes les deux manifestèrent le désir de se consacrer entièrement au service de Dieu.

A l'époque où commence notre récit, les missionnaires avaient donc des mamans toutes trouvées pour les petites négrillonnes qu'ils pourraient racheter. Déjà ils avaient réuni un bon nombre de ces pauvres filles, condamnées, s'ils ne les avaient rachetées, à aller grossir le troupeau des femmes des païens, ou, ce qui est pire encore, celui des femmes des mahométans. Elles avaient été confiées à la mère et à la sœur du martyr Noé, Jeanne et Cécile Sibauti, qui les surveillaient les soignaient dans leurs maladies, et les formaient à la vie chrétienne et au travail des mains.

Nous avons laissé les Pères Blancs catéchisant leurs petits nègres et prodiguant leurs soins à Caniata. Le lendemain matin, une foule de noirs, avertis qu'un crocodile avait été tué par les missionnaires, vinrent sillonner le lac en tous sens, à la recherche de l'amphibie.

Dans leurs chasses, les nègres ne poursuivent pas seulement le gros gibier, tel qu'éléphants, buffles, antilopes ; le rat lui-même est l'objet de leurs chasses de tous les jours ; ils lui dressent des pièges dans leurs huttes, dans les prairies et dans les champs. Mais la chair du crocodile est généralement, pour eux, le mets le plus délicat. Aussi recherchèrent-ils avec ardeur celui qui avait été tué la veille. Ils le trouvèrent presque à l'endroit du lac où il avait été foudroyé, parmi les roseaux, et le halèrent sur le bord, en face de la mission, à la grande joie des autres nègres réunis, pour accabler le monstre de toutes les insultes possibles et imaginables. C'est l'habitude des noirs, d'insulter les animaux nuisibles qui ne peuvent plus leur faire de mal. Plusieurs Wabikari qui se trouvaient là dépecèrent immédiatement l'animal. Sa graisse, fondue, mise en pots, fut emportée dans leur village où elle devait servir de parfums pour enduire leur peau noire.

Les frères de Caniata s'étaient montrés les plus acharnés à dépecer l'amphibie. Ils enlevèrent une lanière de chair qu'ils offrirent aux Pères Blancs. Ceux-ci les en remercièrent et les invitèrent à entrer dans la case où reposait Caniata.

Grande fut la surprise de Moéné et de Mbamé en voyant leurs trois sœurs Nyandéa, Nyémoena et Marrasilla assises en compagnie de Jeanne et de Cécile, autour de leur frère blessé qui avait bien reposé et qui ne tarissait pas d'éloges à l'adresse des bons missionnaires.

— Je venais pour t'annoncer l'arrivée de notre père, dit Moéné au blessé.

— Nyandéa vient de me l'apprendre, répondit Caniata, et les Pères Blancs sont contents.

— Très contents ! assura Nyandéa, parce que je leur ai dit que notre père est *Moutoualé* (chef de

district). Alors ils m'ont demandé comment il se
nommait et j'ai répondu que son nom était Sindésé.

— Et j'ai ajouté, fit remarquer Nyémoéna, qu'il
arriverait bientôt.

En effet, quelques instants après, le vieux Sindésé se présenta à la résidence des missionnaires,
qui le reçurent avec un cordial empressement.
Il leur offrit deux chèvres, un mouton et des
volailles, en reconnaissance des soins qu'ils pro-
diguaient à Caniata, puis il demanda à visiter
l'intérieur des cases de la résidence.

Le Moutoualé s'arrêta longtemps devant la
Croix : il compta les clous, les épines et toucha
la plaie du côté du divin Sauveur. Le P. Dromaux,
afin de lui donner l'explication de cette scène
émouvante, fit le récit de la Passion.

— Et ce sont des hommes blancs qui ont fait
pareille chose ?... Certainement, nous autres
noirs, nous n'aurions pas fait cela !... Mauvais !
Mauvais !... Il y a donc des esclavagistes aussi
dans votre pays, Pères Blancs ?...

Et sans attendre la réponse du missionnaire :

— Oh ! s'écria-t-il, que ne puis-je détruire
tous les Rougas-Rougas ! Mais vous nous défen-
drez, n'est-ce pas, Pères Blancs, contre les esclavagistes ? Vous les empêcherez, n'est-ce pas,
d'incendier nos villages, de nous massacrer, de
s'emparer de nos femmes et de nos enfants, et

de les livrer aux métis ?... Vous êtes bons !...
Vous aimez les pauvres noirs !...

— Oui, répondit l'un des missionnaires. Nous
irons, dans quelques jours, vous rendre visite, et
nous vous ramènerons Caniata guéri. Un brave
nous accompagnera : c'est le capitaine Joubert,
un ancien soldat du Père commun de tous les
fidèles, du Souverain Pontife qui nous a envoyés
vers vous pour vous aimer, du vicaire de ce Dieu
qui a voulu être crucifié par les juifs pour nous
racheter tous, noirs ou blancs.

— Il était donc antiesclavagiste, ce bon Dieu
crucifié ?

— Oui, Sindésé ; il l'était, l'est encore et le
sera toujours.

— Ah !... Eh bien ! votre Dieu vaut mieux que
celui des métis musulmans... Il est bon pour les
pauvres noirs, votre Dieu... Votre Dieu a fait le
blanc, votre Dieu a fait le noir, mais le diable a
fait le métis et les Rougas-Rougas.

— Oui, Sindésé. Avant la mort de Jésus sur la
Croix, nous étions esclaves. Mais depuis qu'il
s'est livré pour nous, il n'y a plus d'esclaves ;
tous les hommes, noirs ou blancs, sont libres,
pour aimer Dieu et pour le servir.

— Ah ! c'est beau cela !

— C'est pour permettre aux noirs d'aimer et de
servir Dieu en toute liberté, que le capitaine
Joubert veut faire la chasse aux esclavagistes, ou

du moins les empêcher de passer avec leurs chaînes d'esclaves, quand ils se dirigent vers la côte ou vers les *zribas*, parcs au bestiaux humains de l'intérieur. Mais pour cela, il lui faut des soldats. En attendant que des hommes forts et vertueux viennent du pays des blancs pour défendre leurs frères noirs, il faut que le capitaine Joubert trouve, parmi vous, une compagnie d'au moins cinquante hommes décidés, à qui il donnera des armes et qu'il fera manœuvrer. Alors les esclavagistes seront paralysés, au moins dans ces parages, et nous pourrons vous instruire en paix des vérités de la foi du Seigneur Jésus, dont le baptême rend la liberté à ceux qui sont esclaves.

— Eh bien, déclara Sindésé, mes trois fils des *Ballabani* (des braves). Lorsque Caniata sera guéri, ramenez-le-nous ; ses deux frères et lui se feront soldats du capitaine blanc, pour faire la guerre aux Rougas-Rougas.

Pendant cet entretien, les trois filles de Sindésé s'étaient retirées et avaient suivi Jeanne et Cécile à l'orphelinat des négrillonnes. A l'entrée de l'orphelinat se dressait une statue de Notre-Dame de Lourdes. La plus jeune des trois sœurs, Marrasilla, avait 12 ans, Nyandéa en avait 14 et Nyémoéna, 17, c'est dire qu'elles étaient encore dans leur jeunesse, à cette période de la vie où le cœur humain, sous n'importe quelle latitude, palpite pour tout ce qui est beau.

A la vue de cette belle Dame blanche qui, les mains jointes, regardait le ciel de son regard si pur, les trois vierges noires poussèrent un cri d'admiration et tombèrent à genoux.

— Qu'elle est belle! Qu'elle est belle!... Et comme elle doit être bonne!... s'écrièrent ces pauvres jeunes filles de l'Afrique esclavagiste.

Puis se relevant elles demandèrent à Jeanne et à Cécile Sibauti, de qui cette statue était l'image

— C'est la Mère du Fils de Dieu fait homme pour nous racheter de l'esclavage du démon, leur répondit Jeanne; c'est la Reine du ciel et de la terre. Elle est toute puissante sur le cœur de Dieu et elle exauce tous ceux qui l'invoquent avec confiance. C'est la Vierge des vierges. On ne la prie jamais en vain. Au pays des blancs, toutes les jeunes filles de votre âge la prennent pour modèle, car elle est la Vierge immaculée et notre Mère.

—Oh! qu'elle est belle! et comme elle doit être bonne!... répéta Marrasilla, je veux lui offrir des fleurs, afin qu'elle me protège contre les Rougas-Rougas.

— Voulez-vous m'apprendre l'histoire de la belle Dame? demanda Nyandéa à Jeanne.

— Ainsi qu'à moi? fit Nyémoéna.

— Oui mes *nuana* (mes enfants), promit la mère du martyr. Venez nous voir souvent et nous vous apprendrons la religion des missionnaires de France. Ensuite, vous pourrez à votre tour l'enseigner aux jeunes filles de votre tribu, et les chrétiens du pays des blancs viendront vous protéger. Déjà ils ont racheté beaucoup d'esclaves; toutes les orphelines que vous voyez ici ont été rachetées, grâce à la générosité des femmes blanches à qui Dieu a donné la fortune et qui n'ont pas à craindre, elles, les esclavagistes et leurs Rougas-Rougas. Aussi, donnent-elles leur or et leurs parures pour le rachat des malheureuses négrillonnes.

Les trois vierges noires promirent de revenir bientôt et quittèrent l'orphelinat, en jetant un dernier regard sur la statue de la Sainte Vierge. Leur frère, de son côté, faisait promettre aux missionnaires de venir visiter son village, aussitôt que Caniata serait en bonne voie de guérison; puis la famille de Sindésé et les noirs qui l'avaient suivie quittèrent la résidence, en comblant les missionnaires de bénédictions et en leur prodiguant tous les témoignages de la plus vive reconnaissance.

On a dit, avec la plupart des voyageurs, que les nègres de l'Équateur africain n'ont aucune espèce de culte et manquent même de l'idée d'un être suprême. Cette assertion est contraire à la grande loi morale qui régit tous les peuples même barbares, et à la preuve que les théolo-

giens et les philosophes en déduisent, avec raison, pour l'existence de Dieu. Son Éminence,
cardinal Lavigerie, avait appelé sur ce poin
l'attention de ses missionnaires, dès le premier
jour de leur apostolat. Les Pères Blancs ont constaté, de la manière la plus formelle, la croyance
de tous les nègres de leurs missions à des esprits
supérieurs qu'ils redoutent et qu'ils honorent
de leurs invocations et de leurs sacrifices. Ces
peuples pratiquent donc une sorte d'idolâtrie
grossière, mais qui n'est certainement pas
l'athéisme. Voici les preuves de cette assertion :

Caniata, impatient de revoir son village et les
siens, ne voulut pas attendre sa complète guérison pour quitter les missionnaires. Ceux-ci, ne
pouvant l'accompagner le jour de son départ, se
virent obligés de demander à un chef voisin deux
hommes pour les conduire ensuite chez les
Wabikari. Le chef leur fit répondre qu'ils ne
pouvaient venir que le lendemain, occupés qu'ils
étaient à faire des sortilèges pour savoir celles
des routes qu'il faudrait suivre afin d'avoir un
heureux voyage à travers les jungles et que,
d'ailleurs, ce jour-là était un jour néfaste.

Le jour favorable venu, les missionnaires suivirent leurs guides qui avaient choisi la voie
d'eau par le lac Tanganica. En sillonnant cette
mer intérieure, les Pères Blancs furent à même
de constater les croyances des noirs par des

détails vraiment curieux. En arrivant à un certain cap que l'on ne passe pas impunément, au dire des indigènes, à moins d'offrir des présents à l'esprit qui habite le rocher, un des conducteurs du bateau se présenta à l'avant tenant en mains quelques rangs de perles. S'adressant alors à l'esprit, il le pria d'apaiser son courroux et de lui être favorable. Cela fait, il jeta à la mer le présent qu'il lui destinait et retourna à sa place. Reprenant alors leurs pagaies, tous entonnèrent un chant et poussèrent avec ardeur la barque loin du terrible rocher, convaincu que l'esprit apaisé rendrait la navigation favorable.

Mais si leur croyance à un monde surnaturel est désormais incontestable, l'ignorance, et par suite l'indifférence de ces pauvres noirs, n'en est pas moins réelle, à part quelques exceptions dont la famille de Caniata et particulièrement ses trois sœurs faisaient partie, comme on le verra dans la suite. Élever ces esprits et ces cœurs qui n'ont d'autres pensées que celles de la terre, de leurs chasses, de leurs pêches, de leurs danses, de leurs amusements d'enfants, au désir d'une vie supérieure, à la pratique des vertus qu'elle impose, est une œuvre laborieuse. Mais elle n'est pas impossible. Les Pères Blancs, moins de deux ans après leur arrivée dans la région des lacs, commençaient à le voir pour les enfants qu'ils avaient rachetés et qu'ils élevaient.

Les missionnaires de la résidence du lac Tanganica et le capitaine Joubert arrivèrent donc sans encombre chez les Wabikari, qui les attendaient depuis plusieurs jours avec impatience, pour la plupart ; Sindésé et ses trois fils se précipitèrent au devant d'eux, et, sans leur laisser le temps de parler, appelèrent tous les noirs du village.

Les Wabikari accoururent ; mais à la vue des missionnaires, plusieurs d'entre eux furent pris d'effroi et s'écrièrent :

— Des blancs !... C'est la guerre !... C'est l'esclavage !...

— Ces blancs, dit Sindésé qui, en sa qualité de chef de district, avait une certaine autorité, ces blancs ne sont pas comme les autres qui ont des métis et des Rougas-Rougas. Ces blancs sont de la tribu des Français qui aiment la liberté. Ils soignent les malades, ils font de beaux villages, ils rachètent des esclaves, ils enseignent de grandes choses, ils aiment les hommes noirs.

— Les blancs de France et des autres pays chrétiens de l'Europe ne font pas d'esclaves, déclara le P. Dromaux. Le capitaine Joubert que vous voyez ici est un brave qui fera la guerre aux esclavagistes, avec tous les noirs qui voudront marcher sous ses ordres.

— Cela est vrai ! s'écrièrent les fils de Sindésé.

— Mais ne vont-ils pas prendre nos femmes et nos enfants ? hasardèrent quelques nègres.

2.

— Je vous dis, gronda Sindésé, que ces blancs ne font pas d'esclaves. Quant à vos femmes, ils n'en veulent pas, parce qu'elles parlent trop et qu'elles les empêchent de prier!...

Cette déclaration eut beaucoup de succès, et ce fut à qui s'empresserait autour des missionnaires..

CHAPITRE III

Sept années viennent de s'écouler. Par un beau soir du mois de mai 1888, l'orphelinat des jeunes négresses retentissait de chants à Marie Immaculée. Marrasilla, Nyémoéna et Nyandéa assistaient à la cérémonie. Tout à coup, leurs voix un peu sauvages, mais claires et vibrantes d'émotion, firent entendre ces paroles que les échos du pays des esclaves n'avaient jamais redites :

Pauvres enfants de l'Afrique,
Nous qui naissons déshérités,
Sous le code satanique
Nous vivons sans libertés...
Inclinons-nous sous le baptême
Des missionnaires de Jésus ;
Désormais le Sauveur lui-même
Nous admet parmi ses élus.
En ce jour de délivrance,
Partageons le pain sacré ;
Par la Foi, par l'Espérance,
L'esclave est régénéré.
La lumière pour nous est faite,
Approchons-nous du saint autel ;
Le ciel et la terre sont en fête ;
Gloire à Dieu ! Gloire à l'Éternel !

Puis, au nom d'un des Pères Blancs, la sœur du martyr Noé, Cécile, termina par ces mots :

Je viens rappeler à la terre
Le jour promis par Jésus-Christ;
Au nom du Sauveur votre frère,
Vous recevrez le pain béni !...

Sous le coup de ces paroles de charité et de rédemption, les sœurs de Caniata frémirent d'émotion, car elles venaient d'être baptisées : les trois vierges noires étaient chrétiennes.

Qu'elles étaient belles, ces trois sœurs ! *Nigra sed formosa.* Le contact d'aucune civilisation corruptrice ne les avait souillées; leurs cœurs étaient purs; leurs âmes étaient aussi blanches que les neiges éternelles qui scintillent au sommet des montagnes de l'Équateur africain. Oh oui, elles étaient belles, ces trois sœurs ! Et pourquoi pas? Le divin Créateur les avait pétries de la même fange que celle d'où sortent les mortelles de race blanche ! Le cœur de la négresse a autant de pulsations que celui de l'Européenne! Son sang est aussi pur et aussi généreux que le nôtre, et plus robuste! Son courage est grand comme les dangers qui l'entourent; son pied nu foule impunément la ronce ou le sentier rocailleux des montagnes, tandis que nous...

Dans leur naïve tendresse, les trois sœurs avaient apporté tout un monceau de fleurs qu'elles avaient déposé au pied de la statue de Marie, sans art, mais à profusion; et quand, le lendemain, il leur fallut quitter l'orphelinat, elles se

mirent à pleurer à chaudes larmes en regardant
la Vierge.

— O Mère blanche du ciel, gémit Nyandéa,
gardez mon cœur toujours pur et mon âme toujours aussi blanche que mon teint est noir. Ne
permettez pas que les esclavagistes me fassent un
jour prisonnière pour me vendre aux mahométans.

— O Mère blanche du ciel, gémit à son tour
Nyémoéna, apprenez-moi à bien parler, pour
raconter aux femmes et aux filles de ma tribu,
votre pureté, votre bonté et votre puissance. Ne
permettez pas que les métis me conduisent un
jour en esclavage.

— O Mère blanche du ciel, supplia Marrasilla,
si les Rougas-Rougas viennent un jour nous faire
la chasse, accordez-moi de ne pas tomber vivante
entre leurs mains.

Alors, les trois sœurs se jetèrent à genoux et
s'écrièrent d'un commun accord.

— O Mère blanche du ciel, les trois sœurs
noires, vos enfants, se mettent sous votre protection. Conduisez-les par la main, et montrez-vous
toujours à elles au moment du danger.

. Avant de quitter Jeanne et Cécile Noé, Nyémoéna leur demanda :

— Si nous étions loin, bien loin, par de là des
montagnes derrière lesquelles le soleil se couche,
comment pourrions-nous reconnaître la route
pour revenir ici ?

— Pourquoi me demandes-tu cela, *nuana*? questionna Jeanne.

— Je ne sais pas? Les pauvres noirs ne sont jamais sûrs de mourir dans la case qui les a vus naître. Partout ici il y avait des villages quand j'étais âgée de 17 ans : maintenant que j'ai vu fleurir vingt-quatre fois les nénuphars du grand lac, que sont devenus ceux qui habitaient ces villages ?... Depuis sept ans tout a été brûlé, tout a disparu ; il n'y a plus de villages, il n'y a plus d'habitants. Ceux-ci ont été conduits par delà le soleil couchant, et ils ne reviendront plus jamais !... Mais moi, si pareil malheur m'arrivait, je voudrais revenir... Et comment reconnaître l'endroit du ciel qui se trouve au-dessus de la résidence des Pères Blancs et de l'orphelinat ?...

— Oui, ajoutèrent les sœurs de Nyémoéna, comment reconnaîtrions-nous notre route pour revenir auprès de notre Mère blanche du ciel?

— Je l'ignore, mes *nuana*. Mais vous n'avez rien à craindre. Le capitaine Joubert avec qui se trouvent vos frères, veille et combat les Rougas-Rougas, partout où il les rencontre. Mais, si le bon Dieu permet qu'un malheur arrive, eh bien, recommandez-vous à notre Mère du ciel, et elle viendra à votre secours.

Bientôt les trois sœurs, enveloppées dans leurs longues tuniques blanches, reprirent le chemin de leur village, après avoir jeté un dernier regard plein de larmes vers Marie.

La route qui conduisait chez les Wabikari n'était autre qu'un étroit sentier serpentant tantôt le long d'un fleuve, tantôt à travers les jungles, tantôt sous les grands bois, et cela sur un parcours de plus de trois lieues.

— Si les Rougas-Rougas nous avaient épiées !... dit tout à coup Nyandéa.

— Ah ! nous serions perdues !... murmura Nyémoéna.

— *Hai n'yavio !...* (ô ma mère !) s'écria Marrasilla, je viens d'entendre le tonnerre des blancs et des Rougas-Rougas ;!...

En effet, un coup de feu venait de retentir au loin, répercuté par les nombreux échos des montagnes. Ce coup de feu fut suivi de plusieurs autres, et puis le plus profond silence régna de nouveau dans l'immense et grandiose solitude.

Les vierges noires se tenaient étroitement embrassées.

— Si c'étaient les Rougas-Rougas !...

— Non, conjectura l'une d'elles, ce doit être le brave capitaine Joubert qui attaque les esclavagistes.

En ce moment, les trois sœurs côtoyaient le fleuve. A droite et à gauche de ce fleuve, d'impénétrables forêts étincelaient en vifs reliefs, sous les rayons brûlants du soleil du midi.

— Hâtons le pas ! dirent les jeunes filles.

— Et si les métis musulmans surgissaient tout à coup de ces fourrés, maintenant qu'ils ont probablement été mis en fuite ?... Si cela arrivait, savez-vous ce que je ferais ? dit Marrasilla.

— Dis, que ferais-tu ?

— Eh bien, sœurs, je me précipiterais dans les rapides du fleuve, plutôt que de me laisser prendre pour être livrée aux musulmans. Là-bas, les eaux font une chute; je disparaîtrais dans un blanc tourbillon d'écume, pour mourir libre et digne de notre Mère du ciel. Ne feriez-vous point comme moi ?

— Oui, nous ferions cela. Marrasilla. Marchons! éloignons-nous ! N'attendons pas le danger possible.

Elles coururent plutôt qu'elles ne marchèrent, et, une heure après, franchissaient l'entrée de leur village, sans avoir été inquiétées.

Cependant, les esclavagistes n'étaient pas loin. Le capitaine Joubert, à qui une chaîne d'esclaves avait été signalée, avait mis les Rougas-Rougas en fuite. Mais ceux-ci s'étaient donné rendez-vous et ralliés dans la forêt, à moins de trois cents mètres du sentier que les trois sœurs venaient de suivre.

Là, dans une clairière où se dressaient quelques cases, une vingtaine de brigands se trouvaient réunis après avoir échappé aux coups de feu des

antiesclavagistes, grâce aux jungles et aux fourrés. Ces brigands étaient, comme d'habitude, des
musulmans, des métis, et des noirs vendus au
mahométisme et devenus par le fait même esclavagistes ardents. Leurs figures trahissaient leur
brutalité et leurs instincts pervers. Trois d'entre
eux surtout, trois blancs qui paraissaient être les
chefs, sicaires de *Tipo-Tip*, le grand marchand de
chair humaine, qui profère en ce moment contre
le capitaine Joubert et sa colonne mobile de
volontaires les menaces les plus épouvantables,
étaient bien les trois monstres les plus ignobles
que la terre africaine, qui, hélas! en a tant vu,
ait jamais portés! L'un se nommait Siriatomba,
l'autre Matakénia, et le troisième Séquacha. Leurs
faces patibulaires suaient la luxure et la férocité,
ils étaient vêtus d'un caleçon et d'une sorte de
veston, serré autour de la taille par une ceinture
à laquelle pendaient des armes; ils portaient un
fusil en bandoulière, un large chapeau de paille
leur couvrait la tête.

— Maudit Joubert! Chien de chrétien! vociféra
Matakénia: nous ne pourrons donc jamais lui
loger une balle dans la tête!...

— Ce sera difficile! dit Séquacha. Ce chien
de chrétien a donné à ses hommes des fusils à
longue portée, et nous ne pourrons point lutter
contre lui avec quelque avantage aussi longtemps
que Tipo-Tip ne nous aura pas fourni des armes

3

perfectionnées. Quant à Joubert, il est brave et droit comme un Français qu'il est; et de plus, il est admirablement secondé par les trois frères Sindésé, tous trois aussi rusés que des peaux-rouges, Caniata surtout! C'est un vrai serpent que ce nègre-là! Mais je me vengerai un jour en lui enlevant ses trois sœurs. Si ce que l'on m'a raconté est exact, elles ont été ou seront baptisées. Elles sont belles comme toutes les filles des Wabikari, et j'en aurai une !

— Et j'en veux une aussi, s'écria Matakénia.

— Et moi la troisième ! déclara Siriatomba.

— Eh bien, nous tirerons à la courte paille.

— Entendu !

Et dire, grinça Siriatomba, qu'il se prépare en Europe un formidable mouvement antiésclava-giste !... Malédiction ! C'est notre ruine !

— Pas encore ! assura Matakénia.

— Qu'espères-tu donc ? lui demandèrent ses complices.

Il n'y a encore ici qu'un Joubert. S'il y en avait deux cents, tout serait perdu !... J'espère que Tipo-Tip saura soulever assez de tribus indigènes vendues à notre cause, pour écraser ce chien de chrétien et ses volontaires noirs. Ces tribus indigènes qui nous appartiennent et que nous protégeons, ont tout intérêt à ruiner leurs voisins pacifiques et à nous aider à fournir d'esclaves les marchands de la côte ou de l'intérieur. Tipo-Tip n'aurait qu'à leur faire parvenir un mot d'ordre pour que le soulèvement devînt général. C'est, je pense, ce qu'il fera. Cela demandera du temps, car les tribus sur lesquelles nous pouvons compter sont disséminées sur une étendue considérable ; mais il faut tenir compte aussi que les antiesclavagistes d'Europe ne sont pas près d'arriver. Voilà ce que j'espère pour l'avenir, tout en redoutant néanmoins les armes perfectionnées et autres engins de guerre d'invention récente, que les volontaires d'Europe ne manqueront pas d'apporter pour nous exterminer à leur tour.

— Si c'est là ce que tu espères !... fit ironiquement Siriatomba ; mais il n'acheva point son idée et ajouta ; tu as parlé de l'avenir... et... quant à maintenant ?

— Maintenant ? il ne nous reste plus qu'à établir ici notre quartier général jusqu'au jour où nous attaquerons les Wabikari. Pas un indigène de l'Ouroundi ne connaît cette retraite, ceux qui la connaissaient sont morts ou esclaves. Nous avons de la farine et du tari (vin de palmier et de cocotier), et les bananiers de la forêt vont nous fournir des fruits en abondance ; nous sommes donc ici en sécurité. Lorsque nous aurons bien étudié le terrain autour du village des Wabikari, nous arrêterons le jour et l'heure de l'attaque, de l'incendie, du massacre et de la capture de notre bétail humain, des trois filles de Sindésé surtout!... Ce sera drôle; trois chrétiennes noires esclaves de trois esclavagistes blancs et musulmans !... C'est une magnifique tribu que celle des Wabikari. Cependant, ils ne sont pas plus difficiles à capturer que les autres, parce qu'ils n'ont pas d'armes à feu, il n'y a que les trois fils de Sindésé qui en possèdent, mais le plus souvent ils sont en expédition avec le chien Joubert. Nous enverrons un de nos nègres à Tipo-Tip pour lui conseiller d'ordonner un simulacre d'attaque de village à une dizaine de lieues d'ici et d'en faire arriver le bruit jusqu'aux oreilles de Joubert. Le chien de chrétien ne manquera pas d'y courir pour empêcher la chaîne de passer et délivrer les esclaves; pendant ce temps, nous opérerons de notre côté tout à notre aise.

—Allons ! s'écrièrent les chasseurs d'esclaves, c'est parfait ! et il y aura encore de beaux jours pour nous ! . . . .

A moins de deux lieues de là, une scène bien différente avait lieu.

Le capitaine Joubert et sa poignée de braves, au nombre desquels se trouvaient Caniata, Moéné et Mbamé, rendaient la liberté à plus de soixante esclaves, composés surtout de femmes et d'enfants qui lui baisaient les mains, les pieds, et jusqu'aux pans de son veston blanc.

C'est un bel homme que le capitaine Joubert! Et c'est un brave à l'air martial, au cœur géné-

reux, au regard énergique et bon, à la lèvre
souriante, aux muscles d'acier ; il a un tempéra-
ment à toute épreuve et sa taille égale celle des
plus beaux nègres.

— D'où êtes-vous, mes pauvres enfants ?
demanda-t-il aux esclaves, quand il eut fait briser
leurs chaînes et leurs carcans, et enlevé leurs
baillons et leurs liens. D'où êtes-vous ?

— Arràyi ! Arràyi ! De bien loin ! bien loin !

— Comment se nomme votre pays ?

— Nos cases étaient au pied des monts
Kitonara dans le Bouanda ; mais les Rougas-
Rougas, que vous venez de mettre en déroute,
ont brûlé toutes nos cases et toutes nos récoltes...
Nos troupeaux sont dispersés dans les forêts et
dans les jungles ! nos époux ont été massacrés
on sont devenus la proie des crocodiles et des
lions ; nos enfants n'ont plus de pères !... O blanc,
conduisez-nous dans votre district ! Nous culti-
verons la terre et il sera si bon pour nous de
pouvoir dormir en paix, sans rêver que les
chasseurs d'esclaves nous poursuivent !

Alors ces infortunés se mirent à chanter, sur
un ton lamentable, ces paroles entrecoupées de
sanglots :

« La paix ! la paix ! la liberté ! Nous travaillerons
en paix ! Nous dormirons ! »

Deux grosses larmes roulèrent sur le mâle
visage du capitaine Joubert.

— Suivez-moi, leur dit-il ; je vous montrerai un emplacement non loin de la résidence des missionnaires, où vous pourrez vous établir sous ma protection.

Quelques jours après, dans ce pays merveilleux où tout se trouve en abondance sous la main, le nouveau village était créé. Aussi les esclaves délivrés chantèrent-ils, avec ivresse cette fois.

« La paix ! la paix ! Nous dormirons ! nous dormirons ! »

Ah ! pauvres noirs, noirs infortunés, nous voudrions, Dieu le sait, posséder d'immenses richesses pour vous envoyer beaucoup de missionnaires et beaucoup de défenseurs ; pour racheter tous ceux des vôtres qui sont en esclavage, pour vous procurer les bienfaits de la liberté et de la civilisation chrétiennes, et pour permettre à vos jeunes filles de garder, avec le trésor de leur pureté, leur virginale indépendance. Puissent du moins, ces humbles pages, vous susciter de généreux amis et de vaillants défenseurs !

CHAPITRE IV

La paix la plus profonde régna dans l'Ouroundi pendant trois mois, juin, juillet et août.

— Ce calme m'étonne et ne présage rien de bon !... disait le capitaine Joubert aux missionnaires, par un matin de septembre 1888.

A peine avait-il achevé ces mots qu'un nègre qu'il ne connaissait pas, de mauvaise mine, et portant un caleçon de cotonnade rayée rouge et blanc, se présenta à lui avec un sans gêne caractéristique.

— Qui es-tu et d'où viens-tu, mon ami ? lui demanda Joubert.

Le nègre lui remit sans mot dire un morceau d'écorce de papyrus, et disparut de toute la vitesse de ses jambes nerveuses.

Joubert examina le singulier message et y lut l'officieux avis suivant écrit en Kiswahili : « Des arabes et leurs Rougas-Rougas, réunis à Ujiji, se proposent de chasser dans les environs de Moukamba et d'y faire une razzia d'esclaves. »

— Que pensez-vous de tout cela, mes Pères ? demanda le capitaine.

— Cela m'a tout à fait l'air d'être un piège, répondit le Père Dromaux.

— Je suis de votre avis. Pourtant, si c'était vrai ?... Ah ! que n'ai-je mes zouaves de Rome, français, belges et canadiens !... Mais seul, avec ma poignée de noirs, il m'est impossible d'être de tous les côtés à la fois. A ma place, que feriez-vous, mes Pères ?

— Ce que vous avez toujours fait, capitaine ; en attendant que des renforts nous viennent d'Europe, empêchez, dans la mesure de vos forces, les esclavagistes de passer avec leurs chaînes d'esclaves, et protégez nos villages chrétiens contre leurs brigandages.

— Oui, pour le moment il m'est impossible de faire plus. Cependant, je veux envoyer Caniata avec la moitié de ma compagnie en reconnaissance vers Moukamba. Il tarde bien à venir !... Je l'attendais au point du jour, et voilà deux heures que le soleil est levé. Où peut-il bien être ?... Que lui est-il arrivé ?

Or, pendant que le capitaine Joubert attendait en se promenant nerveusement devant sa case, Caniata faisait une étrange rencontre.

Nous connaissons le repaire des Arabes chasseurs d'esclaves et de leurs Rougas-Rougas ; nous les avons vus dans la clairière, à trois cents mètres du sentier qui va du lac Tanganica au village des Wabikari. Le noir qui avait remis à Joubert le morceau d'écorce de papyrus, avait été envoyé au capitaine pour lui donner le change et lui faire prendre une direction opposée à l'endroit où ils avaient l'intention d'opérer bientôt.

Le brigand messager, après avoir fait un détour pour dépister ceux qui auraient eu la velléité de le suivre, avait regagné le sentier qui conduisait à la clairière où il allait arriver, lorsqu'il se trouve tout à coup en face de Caniata, qui allait prendre les ordres de son capitaine. Le Rouga-Rouga était plus fort que Caniata, dont le bras droit, depuis la terrible morsure du crocodile, avait perdu beaucoup de sa souplesse et de sa vigueur:

— Tu es mon prisonnier !... lui dit le brigand en lui jetant sa lourde main sur l'épaule.

— Je ne suis plus de ceux que l'on fait esclaves !... s'écria Caniata en se rejetant en arrière; je suis libre, car je suis chrétien !...

Les deux nègres étaient sans armes. Le Rouga-Rouga prit le Wabikari à bras-le-corps pour le terrasser: Caniata en fit autant de son adversaire, et les deux noirs, enlacés comme des serpents, s'étreignant à se broyer les os, roulèrent sur le sol: Caniata avait le dessous. Alors l'agresseur poussa un cri particulier comme pour appeler à la rescousse : mais le cri s'éteignit, étouffé... Caniata venait de le mordre à la gorge avec tant de violence que le sang jaillissait comme sous la dent d'un lion; le corps du Rouga-Rouga s'affaissa.

Aussi agile que les panthères de son pays, d'un

bond Caniata fut debout, et, du même élan prit sa course et ne fit qu'une traite jusqu'à la résidence du capitaine Joubert. En arrivant près de lui tout hors d'haleine et couvert de sueur.

— Capitaine! s'écria-t-il.

— Mais d'où viens-tu. Caniata?... Qu'as-tu fait ?...

— Un Rouga-Rouga... étranglé... là...

— Où ?... que veux-tu dire ?

— Étranglé avec mes dents!...

— Qui?... Où ?... Voyons souffle un peu et explique-toi.

Lorsque Caniata eut repris haleine, il raconta ce qui venait de lui arriver.

— Ce nègre, comment était-il, mon brave? demanda Joubert.

— Il était noir...

— Cela ne m'étonne pas, mon ami. Et puis?

— Il était plus fort que moi, qui n'ai plus qu'un bras de bon ; l'autre bras est mauvais, et sans les Pères Blancs, Caniata n'aurait plus qu'un bras.

— Tout cela ne m'apprend rien, mon ami. Dis-moi, ton agresseur, comment était-il vêtu ?

— Il portait un caleçon de cotonnade rayée rouge et blanc; il n'avait pas d'armes.

— C'est bien lui.

— Vous l'avez vu, capitaine ?

— Quand tu l'as rencontré, il venait d'ici.

— Vous lui avez parlé ?

— Il m'a remis ce morceau d'écorce de papyrus, qui m'apprend que des chasseurs d'esclaves se proposent de faire une razzia dans les environs de Moukamba : qu'en penses-tu mon brave?

— Oh! le pauvre noir n'a pas assez d'esprit pour dire ce qu'il pense au capitaine blanc.

— Dis tout de même ! J'ai su t'apprécier.

— Eh bien, je pense que le nègre que je viens d'étrangler est un traître vendu aux Arabes. Pour sûr, c'est un Rouga-Rouga ! Et il n'est pas le seul dans la forêt. Et au lieu d'aller à Moukamba, ils voudraient vous y envoyer afin de pouvoir de leur côté chasser dans ces parages pour s'emparer de tous ceux qui sont chrétiens comme mes frères, mes sœurs et moi. Voilà ce que je pense, capitaine.

— Je suis de ton avis et ma résolution est prise : je vais avoir besoin de toi.

— Que faut-il faire, capitaine? Vous savez que vous pouvez compter sur moi.

— Je vais te confier une quinzaine de mes hommes. Tu vas, avec eux, rejoindre tes frères et tous ensemble, vous veillerez à la garde de votre village. Je te défends de tirer ou de laisser tirer un seul coup de fusil inutilement, ou par esprit de vengeance : mais si l'on vous attaque, je te recommande de ne pas épargner les esclavagistes : voilà la consigne. Maintenant, suis-moi au campement, mon brave.

Arrivé là, le capitaine Joubert choisit quinze de ses noirs chrétiens, leur fit ses recommandations, et leur donna Caniata pour chef. Puis:

— Allez, mes amis, leur dit-il, et n'ayez pas peur: votre cause est juste. Pendant que vous veillerez sur les Wabikari, j'irai, avec vos camarades, pousser une reconnaissance jusqu'à Moukamba.

Laissons partir le brave Joubert pour suivre Caniata et sa petite troupe. Avant de s'engager dans l'étroit sentier qui longeait la rivière et traversait les jungles et la forêt, le fils de Sindésé chuchota quelques mots à l'oreille de chacun de ses hommes. Aussitôt tous se jetèrent à plat ventre et se mirent à ramper comme des serpents. Ils avaient au poing leur carabine Remington, à la ceinture leur cartouchière, ils avançaient dans le plus profond silence, Caniata en tête. Lorsque celui-ci fut arrivé à l'endroit où il avait étranglé son agresseur, il demeura un instant comme stupéfait en ne trouvant plus le cadavre du Rouga-Rouga, il se remit bien vite cependant et de nouveau chuchota quelques paroles à l'oreille de celui qui le suivait; celui-ci répéta ces paroles à son voisin, et bientôt tous connurent l'ordre de leur chef. On les vit alors quitter les sentiers et disparaître sous les jungles dans la direction de la clairière. Caniata suivait une piste.

Quand ils eurent ainsi rampé sans bruit jus-

qu'au bord de la clairière, un petit murmure se
fit entendre imitant le cri-cri grêle et vif de la
sauterelle, et plus personne ne bougea : Caniata
et ses compagnons semblaient être entrés sous
terre. Mais leurs regards, perçant les hautes herbes
et les ramures, ne perdaient pas un détail de la
scène qui se déroulait dans la clairière. Les
hommes de Joubert tâchaient bien aussi de comprendre ce qui s'y disait, mais inutilement ; les
trois chefs blancs, chasseurs d'esclaves, parlaient
en arabe, et leurs Rougas-Rougas en Kisoukouma,
dialecte très différent du Kiswahili.

Les esclavagistes avaient creusé une fosse et
venaient d'y jeter le cadavre de celui que Caniata
avait étranglé :

— Peste et damnation ! vociférait Siriatomba ;
ce noir était notre meilleur sujet et le plus fort de
la bande.

— Et celui qui, en route, savait le mieux
assommer les esclaves malades ou mis par la
fatigue dans l'impossibilité de suivre la chaîne !...
ajouta Séquacha.

— Et ce serait un indigène qui lui aurait fait
cette morsure ? fit Matakénia ; je n'y croirai
jamais !

— Il est vrai qu'il n'a pu nous le dire, puisqu'il ne pouvait plus parler ; mais, fit remarquer
Siriatomba, les signes qu'il a faits avant de
mourir ne voulaient-ils pas dire qu'il avait eu

pour adversaire un chien de chrétien, un noir baptisé ?

— En effet ! Il montrait sa peau et traçait des signes de croix d'une main défaillante, comme pour nous dire :

« C'est un noir baptisé qui m'a arrangé de la sorte. »

— Chiens de chrétiens !... Qui sait si ce n'est pas un Wabikari qui a fait le coup ! dit Matakénia. Il n'y a plus qu'eux habitant cette région, et, depuis six ou sept ans que les missionnaires français les fréquentent, ils se sont presque tous convertis.

— Que ce soient eux ou non, s'écria Siriatomba, dès que nous aurons appris que le chien Joubert est en route pour Moukamba, nous irons tout mettre à feu et à sang dans leur village... Moi, j'attaquerai du côté du grand *mpafou* (arbre dont le fruit donne une huile parfumée); toi, Matakénia, tu attaqueras du côté des *Bitôki* (Cananiers), et toi, Séquacha, du côté du *moûkânda* (sentier). La case de Sindésé est au centre, d'après ce que nous a dit Daouda, l'espion qui a des intelligences avec nous, et qui sera le traître de la tribu : c'est donc au centre du village que se trouvent nos trois beautés, et aussi leurs trois frères. Ceux-ci sont les plus à craindre. Nous aurons facilement raison du reste. Un coup de feu donnera le signal de l'incendie et de l'attaque...

Siriatomba avait à peine achevé ces mots, qu'une détonation retentit et un Rouga-Rouga roula sur le sol, au milieu de la clairière : un des compagnons de Caniata avait fait un mouvement et une branche, appuyant sur la gachette de son arme, avait fait partir le coup.

Les esclavagistes avaient aussitôt sauté sur leurs armes ; mais comme, par un étrange phénomène acoustique, la détonation répétée par l'écho de la forêt s'était fait entendre du côté opposé où elle avait eu lieu, les brigands, sans se rendre compte de l'endroit du corps où leur homme avait été frappé, envoyèrent une décharge générale du côté de l'écho, pendant que Caniata et les siens regagnaient silencieusement le sentier, et se dirigeaient en toute hâte vers le village des Wabikari.

En y arrivant, ils trouvèrent toute la tribu : hommes, femmes et enfants, dans la plus grande anxiété. L'un avait vu rôder des étrangers du côté des Cananiers ; l'autre avait cru voir, à travers les palissades du village, des visages blancs ; enfin tous avaient entendu les coups de feu.

Caniata ne jugeant pas à propos d'alarmer le village outre mesure, en racontant à qui voulait l'entendre tout ce qu'il avait vu, imposa silence à ses hommes et se rendit auprès de son père. Le vieux moutoualé se retira dans sa case suivi seulement de ses trois fils, et entendit le récit

que lui fit Caniata de son entrevue avec le capitaine Joubert, et de ses aventures dans la forêt.
Quand il eut terminé :

— C'est grave ! c'est très grave ! dit Sindésé.
Qu'allons-nous faire, mes enfants ?

— Il faut avant tout, déclara Mbamé, aposter
des sentinelles aux endroits désignés par les
esclavagistes. Caniata n'a pas compris ce qu'ils
disaient mais il est clair que, puisqu'ils connaissent les trois points les plus faibles du village,
c'est qu'ils ont étudié le terrain. Il faut donc
mettre une sentinelle au grand *Mpafou,* une autre
aux *Bitôki,* et la troisième à l'entrée du *Moûkânda,*
puisqu'ils ont prononcé ces trois mots.

— Oui ! voilà ce qu'il faut faire, dit Moéné.

— Eh bien, nous ferons cela !

— N'as-tu pas dit, demanda Sindésé à Caniata,
que les esclavagistes avaient prononcé mon nom.

— Oui, père ; ce qui me fait supposer qu'ils
sont parfaitement au courant de ce qui se passe,
non seulement dans l'Ouroundi, mais même chez
nous.

— Il y a donc des traîtres ici ?

— Qui sait ?... peut-être bien ! ils ont prononcé
le nom de Daouda.

— Ont-ils aussi prononcé les noms de tes sœurs
ou de quelque autre famille de notre tribu.

— Ils ont pu parler d'elles, mais je n'ai rien
compris.

— Quel malheur si mes filles allaient devenir la proie de ces odieux mahométans !... Quel malheur! gémit le vieillard. Quel malheur pour toutes les femmes et pour tous les enfants de notre tribu! Ah! je voudrais être parti pour le beau royaume du Dieu des missionnaires, de notre Dieu. Oui! je voudrais être parti comme votre mère; elle du moins ne souffrira plus!...

— Ne vous découragez pas, père : nous combattrons comme le brave capitaine blanc.

— Eh! je n'en doute pas, mes enfants, et je combattrai avec vous, car je sais encore manier la lance, bien que mon bras soit raidi par l'âge... mais les pauvres noirs sont presque toujours vaincus et victimes. Les esclavagistes arrivent au moment où on s'y attend le moins, et ils sont toujours précédés de l'incendie qui dévore nos cases en quelques instants. Pourquoi donc les chrétiens d'Europe n'envoient-ils pas beaucoup de Joubert pour défendre les malheureux qui sont leurs frères et qui ne demandent qu'à les aimer, à les imiter, et à vivre en paix sous la loi de la Religion des Pères Blancs, dans le pays où Dieu les a fait naître libres, dans leur pays natal?...

— Cela viendra père, cela viendra! En attendant, faisons comme le capitaine blanc, ne reculons jamais et luttons toujours pour conserver notre liberté et pour sauver l'honneur des femmes de la tribu.

— Oui ! nous combattrons ! Et plutôt la mort que l'esclavage ou le déshonneur !... s'écria Nyémoéna en entrant dans la case de son père, suivie de ses deux sœurs. Père, ajouta-t-elle, nous avons tout entendu et nous savons ce qui se passe. Nous venons vous demander de vouloir bien nous compter au nombre des sentinelles qui seront chargées de faire le guet. Nous savons lancer la lance et...

— Non, mes enfants ! interrompit Sindésé. Vous resterez dans notre demeure et vous prierez votre Mère blanche du ciel, afin que, par sa toute puissante protection, elle vous délivre des mains des Rougas-Rougas, si jamais ils vous réduisent en esclavage.

Les trois vierges noires se retirèrent.

— Maintenant, dit Caniata, je vais placer nos sentinelles. Nous les relèverons, mes frères et moi, vers le milieu de la nuit, pour veiller jusqu'au matin ; nous ferons tous les jours de même jusqu'au retour du capitaine Joubert. Il appela donc trois de ses hommes et leur donna la consigne, comme faisait le capitaine blanc :

— Vous ne vous endormirez pas ! leur dit-il, et dès que vous aurez entendu ou aperçu quelque chose, vous nous avertirez par un coup de feu : tous les Wabikari aussitôt seront sous les armes et prêts à vendre chèrement leurs foyers, leur liberté et leurs vies. Allez et soyez vigilants !

CHAPITRE V

Daouda était un nègre d'une force herculéenne. Il était étranger à la tribu des Wabikari et avait été recueilli par eux. Voici ce qu'il leur avait raconté :

« Né sur les bords du lac Victoria Nyanza, j'ai été pris par les Arabes, après une lutte acharnée, et conduit en esclavage. Chemin faisant, j'ai pu, grâce à ma force, me débarrasser de mes liens pendant une nuit de repos, et j'ai pris la fuite. J'ai longtemps erré à travers les jungles, les marécages et les forêts, passant rivières et torrents à la nage, me nourrissant de fruits et de racines, et me reposant la nuit dans quelque creux de rocher ou au sommet d'un arbre. »

Les Wabikari s'étaient empressés de lui offrir l'hospitalité, et peu de jours après lui avaient bâti une case : depuis un mois, Daouda faisait partie de la tribu.

Or, ce nègre était un Rouga-Rouga de la bande de Siriatomba, et des autres chefs arabes, et c'était sur leur ordre qu'il s'était introduit par la ruse dans le village chrétien. Quelques jours après les événements que nous venons de rapporter, le traître se présenta à Sindésé :

« Montoualé, lui dit-il, je suis grand et fort.
Je viens vous demander de vouloir bien m'accor-
der comme une faveur de faire partie de la compagnie de votre fils Caniata, afin de pouvoir, moi
aussi, veiller comme les autres sentinelles à la sû-
reté du village qui m'a si généreusement adopté. »

Sindésé appela son fils et lui fit part du désir
de Daouda.

— Je n'y vois pas d'empêchements, déclara
Caniata ; Daouda n'a pas de famille, il est très
vigoureux, il a déjà été aux prises avec les esclavagistes ; c'est pour nous une excellente recrue !

Le traître était rayonnant.

— Je conçois ton contentement, lui dit Caniata ;
tu espères te venger un jour, n'est-ce pas ?

— Oui ! répondit le misérable.

— Seulement, je n'ai pas d'armes à feu à te
donner ; il faudra que tu te serves de l'arc et de
la lance.

— Daouda est adroit ! assura le Rouga-Rouga.

— C'est bien ! A la tombée de la nuit, tu iras
aux bananiers ; mais comme, en cas d'alerte, tu
ne pourras pas tirer de coup de fusil, il faudra que
nous convenions d'un signal quelconque.

— Si vous entendez dans la nuit le brame-
ment de l'antilope, c'est qu'il y aura danger.

— Très bien ! J'en avertirai ceux qui habitent
du côté des bananiers : s'ils entendent ce cri, ils
sauront que l'ennemi nous menace.

Quand la nuit fut arrivée, Daouda se rendit à son poste, la nuit devint très sombre, pas une étoile ne brillait au ciel de l'Équateur africain. L'atmosphère était lourde du côté d'Ujiji; puis tout rentrait dans l'obscurité. L'orage devait être loin, car aucun bruit ne venait troubler le silence de la nature. Vers dix heures du soir, des cris s'élevèrent du côté des bananiers. Ceux des Wabikari qui ne dormaient pas prêtèrent l'oreille et reconnurent les glapissements du chacal et puis les aboiements d'une hyène, ces deux fauves ne marchant jamais l'un sans l'autre. Ce n'était point là le signal convenu avec Daouda, et ils se recouchèrent.

D'un bond, le traître venait de franchir l'enceinte palissadée du village. Il s'enfonça sous les bananiers et s'arrêta après avoir fait une vingtaine de pas : les cris de bêtes fauves ne se faisaient plus entendre.

— Est-ce toi, Daouda? demanda une voix dans l'obscurité.

— C'est moi.

Au même instant Siriatomba se dressa devant lui :

— Tu es un bon Rouga-Rouga! lui dit-il, et pour te récompenser, je te donnerai dix esclaves et leur charge d'ivoire. Le chacal et la hyène... ont passé devant les deux autres sentinelles, j'ai attendu un instant... et voyant que mes cris n'étaient pas compris, je suis venu aux bananiers, car tu avais réussi à te faire accepter par Caniata. Si je ne t'avais pas rencontré ce soir, j'aurais recommencé demain et les jours suivants. Je te trouve aujourd'hui, l'affaire est bonne.

— Ne perdons pas de temps en paroles inutiles! A minuit on vient me relever. Quels sont vos ordres?

— En quelques mots, les voici :

Je ne puis te fixer le jour de l'attaque; nous attendons un renfort d'une centaine de lances qui doit nous venir de la tribu esclavagiste des Bakousous, à qui nous avons promis, pour prix de leur concours, tout le bétail des Wabikari. Dès qu'ils seront arrivés, tu paralyseras le plus que tu pourras les moyens de défense à l'intérieur et tu nous guideras une fois que nous serons entrés. Il faut, entends-tu, il faut que nous ayons vivantes les trois filles de Sindésé; tu en réponds sur ta tête!... Si tu nous secondes bien, je me montrerai généreux. Pendant que nous mettrons le feu aux quatre coins du village, tu mettras le feu au centre. Enfin, il faudra, et c'est un point essentiel, tuer au moins un des fils de Sindésé, et empêcher les autres d'organiser la résistance. C'est tout! n'oublie pas : dix esclaves et leur charge d'ivoire, si tu te montres habile; la mort ou à coup sûr l'esclavage, si tu ne réponds pas à notre attente.

— Vous serez contents de Daouda, assura le traître.

— A bientôt!

Siriatomba s'éloigna, et Daouda se rapprocha de la palissade. A ce même instant, le misérable vit, à la clarté d'un nouvel éclair qui déchira la nue, deux regards scrutateurs fixés sur lui, une tête bien connue venait de se montrer au sommet de la palissade... Mais cela ne dura que l'espace d'un éclair.

Nyémoéna!... murmura-t-il. Mais non! c'est un rêve!... Son image me poursuit partout! Elle sera mon esclave!... pour elle seule je donnerai les dix esclaves que l'on m'a promis et leur charge d'ivoire....

Alors, d'un seul élan, il franchit de nouveau la palissade. Il lui sembla voir une forme indécise, quelque chose comme un fantôme vaporeux glisser et se perdre au milieu des huttes... puis, plus rien que le silence et l'obscurité la plus profonde.

Si j'avais été épié?... se demanda l'infâme.

Il l'avait été, en effet. Nyémoéna, qui s'était toujours méfiée de Daouada, venait d'apprendre avec surprise que son frère avait confié à cet étranger un des postes des sentinelles. Un secret pressentiment l'avait empêchée de s'endormir, tant elle était préoccupée. Elle avait quitté la natte sur laquelle ses sœurs restaient endormies, et s'était dirigée avec précaution vers les bananiers.... La sentinelle n'était pas à son poste!...

Elle écoute... Il lui semble avoir entendu un faible murmure de voix... En se redressant de toute sa hauteur et en levant les bras, elle peut atteindre le sommet de la palissade. Elle se soulève à la force des poignets. Son pied nu rencontre, le long d'un des troncs d'arbres formant la palissade, un nœud qui lui sert de point d'appui. Elle veut voir... mais la nuit est sombre. Elle écoute... et elle entend prononcer un nom, celui de son père... Elle n'entend que cela. Puis tout à coup un éclair déchire la nue et elle voit Daouda qui la regarde.

Nyémoéna tout aussitôt se laisse glisser à terre et disparaît comme une ombre. Elle entre dans la case de ses frères : Moéné et Mbamé dorment, Caniata veille, très préoccupé, lui aussi. Elle le prend par la main et l'entraîne au dehors :

— Qu'y a-t-il donc sœur? demanda Caniata.

— Je viens des bananiers.

— Toi?...

— Oui.

— Qu'est-ce que tu es allée faire aux bananiers?

— Surveiller Daouda... Cet étranger va nous trahir, frère... Il a des relations avec les Rougas-Rougas.

— Nyémoéna, va te coucher, tu rêves.

— Caniata, je ne rêve point! Je n'ai jamais eu confiance en l'étranger que nous avons recueilli :

je me méfie de lui. Depuis hier, je n'ai pas encore
sommeillé un seul instant ; de noirs pressentiments m'en ont empêchée. Inquiète, je me suis
levée et dirigée vers les bananiers : Daouda
n'était pas à son poste. Je me suis soulevée jusqu'à la hauteur de la palissade. Dans l'obscurité
mes yeux ne distinguaient rien; mais j'ai parfaitement entendu chuchoter, et une voix a prononcé
le nom de notre père, Sindésé... Soudain, un
éclair déchira le ciel et me fit voir le visage de
Daouda. Je suis rentrée en toute hâte et me
voici.

— Et tout cela est bien exact ?

— Aussi vrai que je suis chrétienne!

— Nyémoéna, retourne à ton repos et tâche de
dormir un peu.

La jeune négresse se retira et Caniata réveilla
ses deux frères. Il leur raconta ce qui se passait.

— Nyémoéna a rêvé !... dit Mbamé.

— Nyémoéna a rêvé !... répéta Moéné.

— Elle n'a pas dormi, fit remarquer Caniata,
et elle a entendu et vu.

— Qu'allons-nous faire, Caniata?

— A quel moment de la nuit sommes-nous,
frère?

— Qui le dira?... nous ne voyons pas d'étoiles.

— Je ne suis pas endormi et il y a longtemps
que je veille, fit remarquer Caniata; la nuit doit
être à moitié écoulée. Toi, Mbamé, tu vas donc

4

aller relever Daouda; et toi, Moéné, tu vas rester près de moi; nous allons interroger cet étranger.

Dix minutes après, le traître était en leur présence :

— Quoi de nouveau pendant la première partie de cette nuit? lui demanda Canlata.

— Rien!

— Est-ce bien vrai?

— Le chacal et l'hyène ont passé.

— Est-ce tout?

— C'est tout!

— Pourquoi as-tu franchi la palissade et à qui as-tu parlé sous les bananiers?

— J'ai franchi la palissade pour mieux voir si le chacal et l'hyène n'étaient pas des Rougas-Rougas, et j'ai parlé à mes gris-gris.

— En effet, tu n'es pas encore chrétien. Tu le deviendras un jour. Alors tu sauras que les fétiches sont les mauvais génies qui passent dans l'air, des monstres qui se moquent du pauvre noir pour le brûler après sa mort, en dehors du ciel des chrétiens. Et que leur as-tu donc dit de particulier à tes gris-gris, aux esprits mauvais?

— J'ai prié mes gris-gris de protéger Sindésé, sa famille et sa tribu tout entière.

— Et puis?

— C'est tout.

— Tu n'a rien vu?...

— Si, un grand éclair.

— Et dans cet éclair?

— Un fantôme.

— As-tu reconnu ce fantôme?

— Non, car un éclair ne luit pas longtemps.

— Évidemment, conclut Caniata après un moment de silence, ma sœur s'est trompée. Moéné avait dans la pensée la même conclusion.

— Daouda est un frère, reprit Caniata ; il a bien veillé cette nuit.

— Il veillera toujours bien ! assura le traître, car il aime ceux qui l'ont recueilli et il se battra jusqu'à la mort pour eux.

— C'est bien ! Tu peux aller te reposer.

Restés seuls, les deux frères se mirent à causer à voix basse :

— A quoi penses-tu, Moéné ?

— Je pense qu'il est bien triste de redouter sans cesse l'arrivée des esclavagistes. Pourtant nous sommes libres et chrétiens !... Pourquoi ne nous est-il pas donné de cultiver en paix nos champs et d'élever nos troupeaux, sans redouter toujours l'incendie et la mort... et, ce qui est pire que tout cela, l'esclavage ?... Quand donc les blancs viendront-ils efficacement au secours des pauvres noirs.

— Ah ! frère, je n'en sais rien ! Mais puisque nous sommes chrétiens et, comme tels, libres, nous avons le droit de défendre notre liberté, et nous la défendrons! Nous pousserons le cri que le capitaine Joubert nous a appris :

« *Plutôt la mort que l'esclavage!* »

— Oui certes, Caniata, oui! nous combattrons jusqu'à la mort!... et nous mourrons avec notre dignité de chrétiens et d'hommes libres, aussi libres que tous ceux qui sont sortis de la main du Créateur notre Dieu... Mais qu'entends-je donc frère?...

— C'est une de nos sœurs qui broie du grain, dit Caniata.

— Nyémoéna, peut-être; elle ne peut plus dormir. Allons lui tenir compagnie.

C'était en effet Nyémoéna qui broyait du grain pour préparer le pain du jour.

Le moulin dont les nègres de l'Afrique équatoriale se servent est composé d'un bloc de granit, ayant environ 50 centimètres carrés sur douze ou quinze d'épaisseur, et d'un morceau de quartz, ou d'autre roche également très dure, de la dimension d'une demi-brique. L'un des côtés de ce morceau de quartz est convexe, de manière à s'adapter à un creux en forme d'auge, pratiqué dans le grand bloc qui est immobile.

Quand la femme a du grain à moudre, elle s'agenouille, saisit à deux mains la pierre convexe, et la promène en appuyant fortement, dans le creux de la pierre inférieure, par un mouvement analogue à celui d'un boulanger qui presse sa pâte et la roule devant lui. Tout en la faisant aller et venir, la ménagère remet de temps en temps un peu de grain dans l'auge du bloc. Celui-ci est incliné, de manière que la farine, à mesure qu'elle se produit, tombe sur une natte disposée pour la recueillir.

Cet égrugeoir est sans doute le moulin primitif; et Sarah l'a peut-être employé quand elle a traité les anges.

Nyémoéna était donc occupée à moudre.

— Pourquoi ne dors-tu pas ? lui demanda Moéné.

— Je ne puis plus dormir. Je travaille et je prie notre Mère blanche du ciel. Quand vous êtes entrés, je lui chantais tout bas une supplication.

— Que lui demandais-tu en chantant?

— Écoutez, frères :

O bonne Mère,
Regarde-moi,
Que ma prière
Monte vers Toi.

Le lis, la rose,
Toutes les fleurs
Sont peu de choses;
Garde nos cœurs.

Quand ton image
Brille à mes yeux,
Je suis plus sage,
Je t'aime mieux.

La fleur s'effeuille
A ton autel,
Mon cœur y cueille
Les dons du ciel.

Sous ton empire
Pour moi si doux,
Fais que j'expire
A tes genoux !

4.

Ici Nyémoéna, dont la voix tremblait, éclata en sanglots. Le cœur de la pauvre enfant noire débordait de larmes.

— Mais qu'as-tu donc? lui demanda Caniata. Toi si courageuse d'habitude, si décidée, si enjouée, te voilà depuis hier, dans le plus profond abattement, et cela pour des chimères peut-être.

— Oh! non, ce ne sont point des chimères!... Mes pressentiments ne me tromperont point. Veillez frères, veillez!... pour moi, je tremble!... Non que je craigne la mort, je la désire au contraire; mais ce qui m'épouvante, c'est la perspective de tomber entre les mains des esclavagistes, vivante!... moi, chrétienne!... Et je crains la même chose pour Nyandéa et Marrasilla. Ah! que ne sommes-nous au pays des blancs! Là-bas, nous ont dit les missionnaires de France, vous vous le rappelez bien, frères, là-bas les jeunes gens et les jeunes filles qui se sont voués à la Vierge et qui portent le doux nom d'*Enfant de Marie*, n'ont rien à craindre. Ils sont libres et peuvent s'écarter de leurs demeures pour se rendre à l'autel de notre Mère blanche du ciel, sans redouter la rencontre des Rougas-Rougas. Ah! qu'elles sont heureuses!!! Mais pensent-elles quelquefois à leurs pauvres sœurs noires exposées si loin d'elles à tous les dangers et à toutes les infamies?... Savent-elles seulement que nous existons?.,. Qui leur a dit nos angoisses, nos terreurs et nos infortunes?... Qui les leur dira?...

— Mais on sait tout cela au pays des blancs!
assura Moéné. Les missionnaires nous ont dit
bien souvent qu'on y pensait, à nous, et le
capitaine Joubert attend des amis pour nous protéger.

— C'est vrai! fit Nyémoéna, et je suis lâche!
Que notre Mère blanche du ciel me pardonne. Je
prierai et elle nous protègera, que nous restions
libres ou que nous soyons conduits en esclavage.
Les missionnaires de France nous ont assuré
qu'Elle n'abandonnait jamais ceux qui avaient
confiance en Elle. Je crois! Je crois! car depuis
sept ans que nous les connaissons et qu'ils nous
ont appris leur religion, ils ne nous ont jamais
trompés.

Ils prolongèrent ainsi leur entretien jusqu'à la
pointe du jour. Au réveil de l'aurore un concert
magique s'éleva dans les vertes ramures et dans
les moissons. Des myriades d'oiseaux saluaient
le Dieu de la nature, qui faisait encore une fois
luire à leurs yeux le brillant soleil de l'Équateur;
puis les rugissements des lions se firent entendre
dominant cette sauvage mais sublime harmonie.

Quelques moments après, Sindésé arriva et se
mit à genoux au milieu de ses enfants. Il était
triste.

— O Dieu des blancs, Dieu des noirs, Dieu de
tous les chrétiens et de tout l'univers! soupira-

t-il en fixant le crucifix qu'il tenait des missionnaires, faites que la paix règne toujours dans
l'Ouroundi, et le Moutoualé vous bénira! Cependant, que votre volonté soit faite.

CHAPITRE VI

Trois jours et trois nuits se passèrent sans
alertes. Aussi l'inquiétude des Wabikari com-
mençait-elle à faire place à l'insouciance native
des nègres. La famille de Sindésé et les volontaires de Caniata, qui étaient chrétiens depuis
plus longtemps que les autres et, par conséquent,
plus intelligents et plus civilisés, continuaient
seuls à rester sur le qui-vive.

La quatrième nuit après les événements que
nous venons de retracer, vers deux heures du
matin, Moéné et Mbamé se trouvaient de garde.
Caniata avait quitté sa case et était allé faire une
ronde, ses trois sœurs et son père dormaient.

Daouda, lui, ne dormait point... L'oreille au
guet, il écoutait tous les bruits de la nuit qui
était tempêtueuse. Le vent soufflait du Sud-Ouest
avec une extrême violence, remplissant la forêt
de sourds mugissements et de craquements
lugubres.

—Quelle belle nuit! murmura le traître : quelle
belle nuit pour chasser l'esclave ! mais l'heure
s'avance... Il est temps que Siriatomba et les siens
arrivent, s'ils sont adroits, quand le soleil se
lèvera, il ne restera plus de ce village qu'un monceau de cendres. Il leur suffit de mettre le feu du

côté des bananiers : le vent chassera la flamme et embrasera toutes ces cases de chaume en un clin d'œil.

Tout à coup, trois détonations retentirent. Le misérable se redressa et sortit de sa hutte.

— Le feu !... grinça-t-il avec un infernal sourire. Ce sont les esclavagistes !... A l'œuvre !... Sang et carnage !... Nyémoéna est à moi ! ! !

Ce disant, il s'arme de sa lance et vole à la case de Sindésé. Déjà de violentes clameurs, des cris d'épouvante s'élevaient de toutes parts dans le village. Une fusillade très nourrie crépitait du côté des bananiers. Réveillé en sursaut par ce tumulte, Sindésé apparut à l'entrée de sa case ; mais la lance de Daouda le renversa, percé de part en part. Le Moutoualé eut néanmoins la force de crier à ses filles :

— Mes *nuana* fuyez !... Ce sont les esclavagistes et Daouda nous a trahis !...

Puis il s'affaissa dans une mare de sang. Daouda passa sur son cadavre et pénétra dans la case où se trouvaient les jeunes filles qui avaient entendu le cri suprême de leur père. A la vue du traître qui bondissait vers elles comme une bête fauve, Nyandéa et Marrasilla reculèrent d'effroi. Plus forte, Nyémoéna s'était armée de la lance de son père.

— Arrête, misérable ! s'écria-t-elle, ou tu es mort !...

Daouda eut un ricanement sauvage. D'un coup de sa lance, il désarma la jeune fille et, la prenant dans ses bras nerveux, la renversa sur le sol et lui lia les bras et les jambes à l'aide de fibres de raphia qu'il avait cordelées pour la circonstance. La vierge noire n'avait poussé qu'un cri :

— O Mère blanche du ciel !...

Et, comme ses deux sœurs qui gisaient là près d'elle, inertes, elle s'était évanouie.

Cependant, une lutte épouvantable avait lieu entre les esclavagistes et la petite troupe de Caniata. Mais ceux-ci, ayant devant eux plus de deux cents hommes décidés à en finir avec les Wabikari, devaient fatalement être écrasés. Caniata et ses deux frères se battaient comme des lions, ils avaient brûlé leur dernière cartouche et se servaient maintenant de leur fusil comme d'une masse, écrasant les crânes, défonçant les poitrines, brisant bras et jambes. Et le vent hurlait toujours, transportant de toutes parts les flammèches incendiaires. Les flammes semblaient monter jusqu'aux nues, s'avançant à chaque seconde qui s'écoulait avec une rapidité dévorante.

Encore quelques minutes et tout le village sera embrasé...

A la lueur de cet immense incendie, les esclavagistes ont pu compter ceux qui leur tenaient tête : ils ne sont plus que quelques-uns. Cinquante lances viennent aussitôt les cribler. Moéné tombe.

Mbamé tombe... ils tombent tous un à un. Caniata leur survit et il se décide à reculer et à prendre la fuite pour porter secours à son père et à ses sœurs.

Bientôt les esclavagistes poussent des cris féroces de triomphe, et la chasse commence.

Les Wabikari se sauvaient de tous les côtés dans un désordre indescriptible. Les noirs de la tribu vendue aux musulmans les arrêtent au passage et transpercent de leurs lances ceux qui font mine de résister. Chaque esclavagiste a bientôt son esclave, homme, femme ou enfant. A chaque pas on foule le cadavre d'un noir chrétien. A la clarté des flammes on voit des hommes fuir du côté de la rivière et d'autres qui gagnent la forêt en chassant devant eux les troupeaux terrifiés qui, dans quelques heures, seront enlevés par la tribu esclavagiste. Des cris, des supplications s'élèvent de partout. Le bruit des sanglots se mêle aux crépitements de l'incendie qui consume maintenant les dernières cases, celles du centre, à l'entrée desquelles les trois chefs arabes viennent d'accourir; il s'agit pour eux de s'emparer des trois vierges noires.

Siriatomba vomit une imprécation :

— Auraient-elles réussi à nous échapper? rugit-il en s'adressant à Séquacha et à Matakénia. Je ne les vois pas !... Elles ont déjà pris la fuite !...

— Non ! répondit une voix derrière une case
que les flammes commençaient à lécher.

— C'est Daouda !... s'écrièrent les trois chefs
en contournant la case.

— Oui c'est moi ! Et vous arrivez juste à point...
fit-il en montrant un homme qu'il tenait sous ses
genoux.

— Et bien, est-il ton esclave ? dit Siriatomba.

— Quand je l'aurai lié, oui ! mais je n'ai plus
de cordes et le gaillard va m'échapper.

— Voilà des liens.

Daouda se souleva un peu pour prendre les
cordes qu'on lui tendait : cela suffit à l'homme
qu'il étreignait sous ses genoux. Caniata, c'était
lui, se tordit comme un serpent, se dégagea,
bondit et prit la fuite.

— Et les filles de Sindésé, les as-tu aussi
laissé fuir de cette façon, grande brute ? demanda
Séquacha.

— Elles sont là toutes les trois, répondit le
traître en désignant une case voisine qui flambait
déjà.

— Allons, les amis, s'écria Siriatomba, à
chacun la sienne !... Il ne s'agit pas de les laisser
griller là-dedans : nous ferons notre choix tout à
l'heure.

Les trois chefs eurent bientôt enlevé les trois
vierges noires. Mais ils comptaient sans Daoud

— La plus belle est à moi ! rugit-il, il me la

faut, en échange des dix esclaves que vous m'avez promis, et de leur charge d'ivoire.

Pour toute réponse, Siriatomba fit retentir la corne de buffle qui pendait à sa ceinture. Moins d'une demi-minute après, une dizaine de Rougas-Rougas de sa bande l'entourèrent. Il leur dit quelques mots en arabe et, en moins de temps qu'il n'en faut pour l'écrire, Daouda se trouva terrassé et garrotté.

— Voilà un gaillard, dit Siriatomba en ricanant, qui portera double charge d'ivoire et qui me sera payé deux fois plus cher qu'un autre.

Daouda poussa un rugissement, et, si les trois chefs esclavagistes avaient vu son regard, ils auraient frémi d'épouvante, eux qui ne tremblaient jamais.

— Conduisez-le auprès des autres esclaves, ordonna Siriatomba ; et qu'à la lueur des dernières cases qui flambent, on organise immédiatement trois chaînes.

Les Rougas-Rougas s'éloignèrent en emmenant Daouda :

— Maintenant, choisissons ! dirent les chefs.

— Moi, déclara Siriatomba, je prends Nyémoéna, que je reconnais pour l'avoir vue un jour, grâce aux indications de Daouda. Ce disant, il sépara la jeune fille de ses sœurs.

— Moi, dit Séquacha, en prenant Nyandéa par le bras, je m'adjuge celle-ci.

— Dans ce cas, il faudra bien que je me contente de celle qui reste ! fit Matakénia en posant la main sur Marrasilla. Mais l'infortunée vierge noire cracha au visage du monstre.

— Tout doux ! grinça le misérable; nous allons t'apprivoiser. Dans un mois tu ne seras plus aussi farouche.

— Allons ! En route ! crièrent les trois chefs en poussant chacun devant soi son esclave; en route ! vous serez l'ornement de votre chaîne !...

Les trois sœurs ne pleuraient plus : elles n'avaient plus de larmes. Elles s'entretenaient sans doute pour la dernière fois ensemble des Pères Blancs, de la mission du lac Tanganica, de Cécile et de Jeanne Noé, du capitaine Joubert, de la chapelle de l'orphelinat et de leur Mère blanche du ciel.

— Nous ne reverrons plus tout cela ! gémit Nyandéa.

— Nous sommes perdues !... ajouta Marrasilla.

Nyémoéna, plus courageuse, les encourageait :

— Soyez fortes, sœurs ! leur disait-elle, et n'oubliez jamais que Dieu veille sur nous. Restons-lui fidèles; il ne nous abandonnera pas. Ne vous séparez jamais de la médaille de la Vierge Marie, c'est un talisman qui chassera le démon, qui viendra bientôt rôder autour de nous, sous la figure de ces monstres qui nous ont rendues orphelines et réduites en esclavage.

— Où sont nos frères, où est notre père ?...
demanda Nyandéa.

— Moéné, Mbané et notre père sont au ciel,
répondit Nyémoéna ; Caniata est sauvé. Je l'ai
vu fuir dans la direction du lac Tanganica. Sans
doute, il se rend à la résidence des Pères Blancs.
Ah ! si le capitaine Joubert y pouvait être de
retour !...

— Halte ! commanda Siriatomba. Ils étaient
arrivés près du gros d'esclaves. Les Rougas-Rougas étaient en train de leur lier les mains, de leur
mettre des entraves aux jambes et de leur placer
sur le cou des cangues à compartiments qui
en reliaient plusieurs entre eux. Il y avait très
peu d'hommes, la plupart ayant été tués en se
défendant, et un certain nombre étant réfugié
dans les jungles des alentours pour échapper aux
horreurs de l'esclavage.

La cangue que les esclavagistes emploient pour
empêcher leurs victimes de prendre la fuite, est
le plus souvent un gros bâton fourchu des deux
bouts. Le cou de l'esclave se trouve pris dans la
fourche, ce qui fait qu'à chaque bout de la cangue,
il y a un malheureux prisonnier.

Le *Ghébala* (conducteur d'esclaves) venait de
passer la cangue au cou de Daouda. Siriatomba
s'en aperçut.

— A l'autre bout, cria-t-il, mettez cette jeune
fille !...et il poussa Nyémoéna vers ses complices.

Ceux-ci l'empoignèrent, et malgré les cris et les supplications de la pauvre enfant, lui mirent la cangue au cou.

Placer ainsi la vierge noire à la cangue de Daouda était un raffinement de cruauté bestiale et satanique.

Daouda en eut un tremblement convulsif et baissa la tête.

Nyandéa fut placée dans une deuxième chaîne qui se formait un peu plus loin, et Marrasilla dans la troisième. Les trois sœurs avaient été ainsi séparées, sans qu'il leur fût possible de s'embrasser. Elles étaient muettes maintenant ; car il est de ces douleurs si profondes, si atroces, si inconcevables, que ceux qu'elles atteignent et écrasent perdent tout sentiment de la réalité. Ils se croient le jouet d'un rêve affreux et semblent attendre le réveil.

Le réveil vint, lorsque les trois chaînes d'esclaves, sur un signal de Siriatomba, se mirent en marche chacune dans une direction différente. Ah ! alors il y eut des cris ineffables, des larmes de sang, des désespoirs sans nom ! ! ! Les pauvres esclaves étaient pour jamais arrachés à leur pays, à leur village dont les ruines fumantes leur rappelaient le calme et la paix de leur existence de chrétien. Les femmes appelaient leurs époux, les enfants leurs pères... Quelques esclaves s'étaient laissé tomber sur le sol, refusant de marcher.

Alors les Rougas-Rougas, armés de fouets à nœuds, rayaient leurs épaules nues de longues tuméfactions, d'où le sang suintait !... et sous l'aiguillon de la souffrance, les malheureux se relevaient et marchaient.

Les trois chefs arabes, qui commandaient chacun une chaîne, s'étaient donné rendez-vous à Nyangoné, sur les bords du Congo. Ils s'y rendront par des chemins différents, afin de dépister le capitaine Joubert et ses hommes, ou tout au moins pour l'empêcher de rendre la liberté à plus d'une chaîne d'esclaves.

Voilà donc les infortunés Wabikari et nos trois vierges noires en route pour un marché de l'intérieur. Là, ils seront exposés en vente comme un bétail; on inspectera tour à tour leurs pieds, leurs mains, leurs dents, pour s'assurer des services que l'on en peut attendre. On discutera leur prix devant eux, comme celui d'une bête de somme, et, quand le prix sera réglé, ils appartiendront, corps et âme, à celui qui l'aura payé. Rien ne sera plus respecté : ni les liens du sang, car on séparera sans pitié le père, la mère, les enfants, malgré leurs cris et leurs larmes; ni la conscience, car ils devront embrasser sur le champ la religion du musulman qui les achètera, et subir tous ses caprices. Enfin, leur vie sera à la discrétion de ceux qui les possèderont.

Ah ! pauvres esclaves, et vous, Nyémoéna,

Nyandéa et Marrasilla, que Dieu vous accompagne et vous protège, car l'Europe, orgueilleuse de sa civilisation corruptrice et cruelle d'égoïsme, ne pense pas à vous et ne saurait même pas que vous existez, si un grand évêque catholique n'était pas venu lui tracer le tableau de votre infortune, dans son épouvantable et révoltante horreur!!

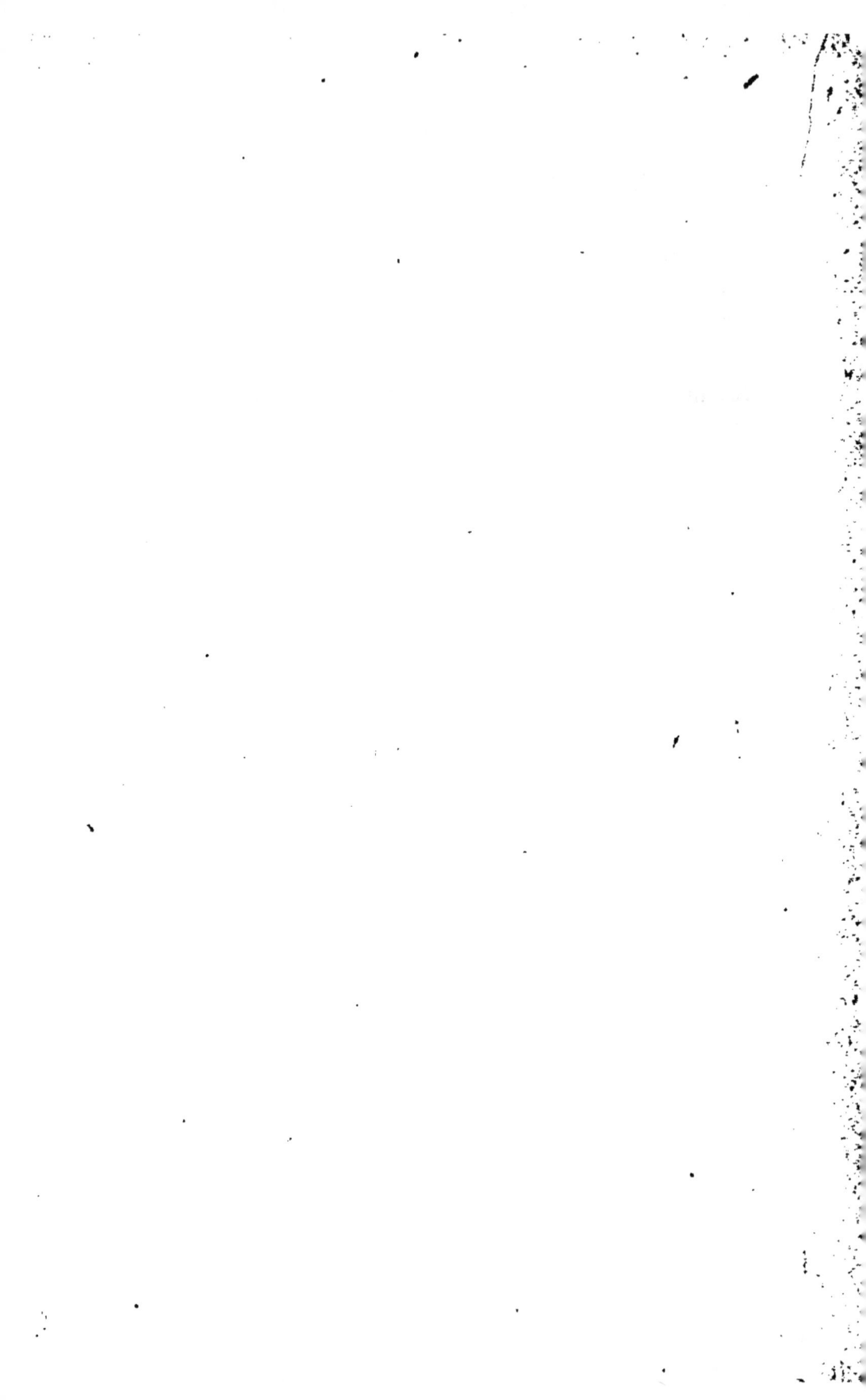

CHAPITRE VII

Quand les trois chaînes d'esclaves perdirent de vue l'emplacement de leur village, le soleil émergeait radieux des hautes futaies qui bordent, à l'Orient, l'horizon de l'Ouroundi. Comme si l'esprit du mal avait jugé que les esclavagistes pouvaient désormais se passer de son intervention, la tempête ne sévissait plus. Une lourde averse était tombée par torrents, ramenant le calme; et maintenant, les oiseaux chantaient au plus profond des bois; la tourterelle se berçait en son roucoulement; le kakatoès répondait au caquet des merles et des geais, et l'air était plein du bruit ruisselant des eaux. Tout ce qui aime le soleil était dehors; le ciel riait à l'aube; sur les hautes herbes, scintillaient les gouttes de pluie; à la lisière de la forêt, s'ébattaient les écureuils folâtres, et les singes qui jacassaient et s'agitaient, en dirigeant leurs vifs regards vers un gigantesque palmier, au sommet duquel un nègre se tenait en observation.

Caniata, c'était lui, au lieu de se rendre directement à la résidence du lac Tanganica, s'était caché d'abord dans les jungles. Quand il entendit le signal du départ des chaînes, il revint sur ses pas en rampant, et, lorsque tout danger eut disparu pour lui, il grimpa jusqu'au faîte du gigantesque palmier, pour s'assurer des différentes directions prises par les chefs esclavagistes, et bien se graver ces directions dans l'esprit.

Alors il descend de son observatoire avec une rapidité vertigineuse, se signe, et prend sa course vers la résidence des missionnaires.

Il courait depuis une demi-heure et la fatigue le gagnait, lorsqu'il s'arrêta court... puis il quitta le sentier et se jeta sous les jungles où il disparut : une troupe d'hommes venait à sa rencontre. Craignant de se retrouver en face de quelques rôdeurs de la tribu esclavagiste qui avait prêté main-forte aux chefs arabes, il crut prudent de se cacher. Mais, au lieu d'ennemis, c'était le capitaine Joubert et ses hommes qui arrivaient. De retour depuis quelques heures de la reconnaissance qu'il avait opérée vers Moukamba, il avait aperçu de loin le reflet des flammes incendiaires et entendu les coups de feu. N'écoutant que son courage, et par son énergie dominant sa fatigue, il était parti de nouveau, entraînant les siens électrisés par son âme de feu et par son ascendant moral.

— En avant ! mes enfants, leur criait-il, en avant ! Les esclavagistes sont chez les Wabikari. Dieu veuille que nous n'arrivions pas trop tard !...

Caniata avait reconnu cette voix aimée. Il sort

de sa cachette, apparaît au milieu du sentier et tombe à genoux aux pieds du capitaine Joubert.

— Capitaine! Capitaine! s'écrie-t-il en fondant en larmes, vite! Elles sont parties!... Nyandéa... Marrasilla... Nyémoéna...

— Vos sœurs esclaves!

— Elles sont parties!... Ils sont tous partis!... Et les autres sont morts : Moéné, Mbamé et mon père.

— Trop tard!... gronda le vieux zouave pontifical; et une larme brûlante roula sur sa joue basanée.

Après un moment de silence : Vos sœurs esclaves?... pas encore!... ajouta-t-il avec énergie en relevant la tête d'un air de menace; pas encore!... Et se tournant vers ses hommes, il leur cria : En avant! et les entraîna tous à sa suite.

— Maintenant, dit-il à Caniata, en arrivant au milieu des ruines encore fumantes du village des Wabikari, raconte-moi rapidement ce qui s'est passé.

Caniata fit le récit du massacre auquel nous avons assisté et termina en disant :

— J'aurais pu lutter jusqu'à la dernière extrémité et me faire tuer, j'ai préféré prendre la fuite, afin de voir de quel côté se dirigeaient les chaînes.

— Es-tu renseigné à cet égard, mon ami ?

— Oui, capitaine. Je suis monté jusqu'au sommet d'un grand palmier et j'ai tout vu.

— Tu es un brave et intelligent noir, Caniata, et beaucoup de blancs d'Europe ne te valent pas. Dis-moi, de quel côté la chaîne dont Nyémoéna fait partie s'est dirigée ?

— Elle s'est dirigée en ligne directe vers le mont Shamato, qui est là devant nous.

— Et la chaîne de Marrasilla ?

— Vers la source du Rousisi, là, à droite.

— Et celle de Nyandéa ?

— Vers Voira, là où commence le lac Tanganica, à notre gauche.

— Par combien d'hommes chaque chaîne est-elle conduite ?

— Par un chef et une trentaine d'hommes. Tous les noirs de la tribu esclavagiste qui leur ont prêté main-forte cette nuit regagnent en ce moment leur village. Du haut du palmier je les a vus s'éloigner avec nos troupeaux dans la direction du lac Eirou.

— Bien ! je suis content de toi, Caniata ! Aie du courage jusqu'au bout, mon brave ! Nous allons rendre la liberté à Nyémoéna, aux autres, à tous, et châtier les Rougas-Rougas. Sois homme ! sois fort ! sois chrétien ! Nous reverrons au ciel ceux qui ne sont plus.

Après un court instant de réflexion :

— Je demande dix hommes de bonne volonté,

dit Joubert, dix hommes décidés, infatigables, prêts à souffrir de la soif, de la faim et de la fatigue, pour venir avec moi délivrer Nyémoéna et sa chaîne.

Tous s'offrirent, y compris Caniata.

— Voyons, mes amis, entendons-nous ! fit Joubert. Il ne me faut que dix hommes : et toi, Caniata, je te réserve pour commander une compagnie. Voulez-vous, mes amis, que je choisisse moi-même les dix hommes dont j'ai besoin ?

— Oui ! oui ! s'écrièrent-ils tous d'une seule voix, en se rangeant.

Son choix fait, le capitaine partagea le reste de ses soldats en deux groupes d'une soixantaine d'hommes chacun. A la tête du premier groupe, il mit Caniata pour aller délivrer Nyandéa et sa chaîne ; il mit un nègre, du nom de Katendé, à la tête du second groupe, pour aller délivrer Marrasilla et ses compagnons d'esclavage.

— Caniata, demanda alors Joubert, combien de temps y a-t-il que les chaînes sont parties ?

— Le soleil a paru au sommet des grands arbres que vous voyez là-bas, capitaine, au moment où les chaînes entraient dans la forêt qui s'étend devant nous.

Joubert calcula mentalement. Une heure de chemin jusqu'à la forêt... Le soleil doit être à deux heures d'élévation quand il émerge des hautes futaies...

— Les esclavagistes, reprit-il tout haut, ont au moins quatre heures d'avance sur nous. C'est énorme, car ils connaissent parfaitement les moindres sentiers. Cependant rien n'est perdu. Je vous recommande la plus grande activité et la plus grande vigueur, mes enfants. Toi, Caniata, tu te dirigeras sur Voira. C'est par là que tu allais pêcher dans le lac Tanganica. Toi, Katendé, tu te porteras vers le Rousisi : nous avons souvent fait cette route-là ensemble. Nous n'avons plus une seule minute à perdre. A genoux, mes braves ! Adressons à Dieu, au Dieu de tous les humains, au Dieu de la liberté chrétienne, qui maudit l'esclavage, une fervente prière, il nous guidera, nous protégera et, par nous, délivrera ceux et celles que les métis musulmans et les Rougas-Rougas entraînent et conduisent à la honte, au déshonneur et à la mort éternelle.

Leur prière terminée, les antiesclavagistes s'éloignèrent au pas de course. Devançons-les, afin de voir de quelle façon les chaînes d'esclaves sont conduites.

Le calcul du capitaine Joubert était juste. Les chefs arabes marchaient, en effet, depuis quatre heures, poussant devant eux leurs troupeaux humains, sur les flancs desquels se tenaient leurs Rougas-Rougas, le fouet à nœuds au poing; quelques-uns tenaient en main un sabre : d'autres un énorme gourdin.

Voyez-vous cette longue file d'êtres humains, la cangue au cou, les mains liées derrière le dos, enchaînés les uns aux autres comme un vil bétail? C'est la chaîne de Siriatomba. Ils sont là plus de cent cinquante. Le chef esclavagiste leur fait hâter le pas dans la crainte d'être poursuivi de trop près. Déjà quelques jeunes filles n'avancent plus qu'à grand peine, les petits enfants trébuchent à chaque pas:

— Par Mahomet! hurle Siriatomba, il faut les cingler d'importance !... Le fouet aux traînards !...

— Aussitôt les Rougas-Rougas se rapprochent avec une satisfaction diabolique de ces malheureux et leur déchirent les épaules et les reins à grands coups de fouet... Un jeune enfant tombe. Siriatomba le prend par une jambe comme l'on ferait d'une bête, et lui brise la tête contre un arbre... puis il le jette dans un hallier:

— Voilà pour les hyènes, dit-il en ricanant.

A cette vue, des femmes s'évanouissent. L'Arabe poussa un horrible blasphème:

— Tout cela nous retarde ! rugit-il. Par Mahomet, il faut un exemple. Faites jouer le sabre et la trique !

Les Rougas-Rougas détachent ces pauvres femmes de la chaîne et leur tranchent, aux unes, les muscles des bras et des jambes, et brisent aux autres la nuque d'un coup de bâton... Tout cela pour épargner la poudre et ne pas retarder la marche. Ces infortunées créatures ainsi abandonnées le long de la route, dont quelques-unes sont encore attachées à leur cangue, vont devenir la proie des bêtes fauves qui rôdent sans cesse dans le voisinage des chaînes qui passent, ou mourir lentement de faim ou de désespoir...

— En route! crie Siriatomba ; la chair du nègre est à bon marché!!!...

La chaîne terrifiée se remet en marche. Bientôt un autre jeune enfant trébuche. Il va subir le sort du premier, quand Nyémoéna s'écria en suppliant :

— Oh! donnez-le moi ! je veux le porter.

— Le voilà! mon esclave, fit Siriatomba qui parlait le kiswahili. Je n'ai rien à te refuser; quand j'aurai la certitude que tu ne pourras plus m'échapper, tu marcheras librement à mes côtés et je saurai bien te faire accepter ma domination!... je suis le maître!... et tu es mon esclave !...

Nyémoéna avait levé les yeux vers le ciel et murmuré : O Mère blanche des chrétiens, ô Vierge Marie, sauvez votre Nyémoéna! sauvez-nous tous ! Puis elle avait pris l'enfant sur son dos :

— Garde-le bien, lui dit encore Siriatomba; je te le donne; mon esclave préférée peut avoir un esclave... Elle en aura même plusieurs. Puis, s'adressant à Daouda :

— Et toi, grande brute, tu sais maintenant ce qu'il en coûte d'aller sur mes brisées!... Pour te punir encore davantage, je veux que tu portes la charge d'ivoire de Nyémoéna. Puisque tu l'aimes, ce fardeau te sera léger.

Ce disant, le chef arabe prit l'ivoire que portait Nyémoéna et l'ajouta à la charge de Daouda. Celui-ci eut un éclair de joie dans le regard. Il venait de remarquer dans la charge de Nyémoéna une superbe défense d'éléphant, d'une longueur et d'un poids exceptionnels, et cela parut le ragaillardir. Pourquoi?... C'est ce que nous verrons bientôt.

Tout à coup, un coup de feu retentit du lointain dans la direction du village qui venait d'être anéanti.

— Nous sommes poursuivis. Satanas! s'écria Siriatomba. Sous bois! Sous bois! commanda-t-il, et qu'on fasse usage du fouet!

Aussitôt le *Ghébela* qui se trouvait en tête obliqua un peu à droite, et la triste caravane glissa comme un long serpent à travers les lianes et les jungles sous le couvert de la forêt où elle disparut. On n'entendit plus que les sifflements des fouets qui déchiraient les esclaves pour les faire marcher plus vite.

Les mêmes scènes atroces avaient lieu, la même cruauté bestiale était employée, le même souverain mépris de la dignité humaine se manifestait dans la chaîne de Nyandéa et dans celle de Marrasilla.

Les pauvres noirs marcheront ainsi toute la journée. Le soir, lorsqu'on s'arrêtera pour prendre du repos, on distribuera aux esclaves quelques poignées de sorgho cru. Ce sera toute leur nourriture. Le lendemain, il faudra repartir.

Nous avons prononcé le nom de *repos*... Mais quel sommeil que celui de l'esclave! On peut le deviner sans peine. Parmi les jeunes nègres arrachés par les Pères Blancs à cet enfer et rendus à la liberté, il y en a qui se réveillent chaque nuit pendant longtemps encore en poussant des cris affreux. Ils revoient dans leurs cauchemars sanglants des scènes abominables dont ils ont été les témoins.

C'est donc ainsi que les chaînes d'esclaves marchent, quelquefois pendant des mois entiers. La caravane diminue chaque jour. On calcule que, chaque année, *quatre cent mille* nègres sont les victimes de ce trafic horrible. Aussi a-t-on pu dire, avec vérité, que, si on perdait la route qui conduit de l'Afrique équatoriale aux villes où se vendent les esclaves, on pourrait la retrouver aisément par les ossements des nègres dont elle est bordée.

Enfin, on arrive sur le marché où on conduit ce qui reste de ces infortunés après un tel voyage. Souvent c'est le tiers, le quart, quelquefois moins encore, de ce qui a été capturé au départ.

Et que personne ne vienne nous taxer d'exagération. Qu'on interroge les missionnaires du Zanzibar, ils auront tous entendu et vu ces infamies. Pour l'Afrique équatoriale, nous avons le témoignage non moins explicite des explorateurs protestants. Nous ne citerons que celui du plus célèbre d'entre eux, de Livingstone. On y remarquera les mêmes impressions d'effroi que les Pères Blancs eux-mêmes ont trouvées chez leurs pauvres enfants rachetés.

« Quand j'ai essayé, dit-il, de rendre compte de la traite de l'homme dans l'est de l'Afrique, j'ai dû rester *très loin* de la vérité, de peur d'être taxé d'exagération ; mais à parler franchement, le sujet ne permet pas qu'on exagère. *En surfaire les calamités est une pure impossibilité.* Le spectacle que j'ai eu sous les yeux, incidents communs de ce trafic, est tellement révoltant que je m'efforce sans cesse de l'effacer de ma mémoire. Je parviens à oublier avec le temps les souvenirs les plus pénibles ; mais les scènes de la traite se représentent, malgré moi, et, au milieu de la nuit, me réveillent en sursaut, frappé d'horreur par leur vivacité. »

Et nous le répétons, les calculs les plus exacts ne portent pas à moins de quatre cent mille par année les victimes de cet abominable commerce.

En vingt-cinq années, qui paraissent la moyenne de la vie africaine, cela fait dix millions. Dix millions d'hommes, actuellement vivants, voués à la vie et à la mort que nous venons de décrire !!! . .

. . . .

Aux témoignages irrécusables qui précédent et qui paraissent suffisants pour établir l'épouvantable vérité, qu'en plein xixe siècle, presque aux frontières de notre pays, le hideux esclavage se maintient et fleurit, et n'a pour le combattre que l'Église catholique et ses missionnaires, nous en ajouterons un dernier.

Pour ne pas laisser place à la moindre objection, pour ne pas laisser une seule issue aux prétendus amants de la *philanthropie,* aux nombreux *humanitaires* qui croient leurs principes bien supérieurs à la simple charité chrétienne, donnons un extrait de la *Revue Britannique* (1), écrit dans un style philosophique et sans cœur.

« Là, dans ce magnifique bassin du Nil, d'innombrables et vigoureuses populations sont courbées sous le joug d'un despotisme abominable.

» Dans le Soudan, il n'y a de fait qu'une propriété possible, celle de la chair humaine. Là, tel particulier qui passe pour être à *son aise,* possède dans ses parcs, *Zribas,* un millier de têtes de bétail humain !...

(1) Livraison de janvier 1881.

» Comment s'acquiert la richesse dans cet éton-
nant pays? D'une façon bien simple. Un cheik
musulman a-t-il besoin de piastres, d'étoffes ou
d'armes à feu, il part en guerre, lui aussi, avec
une centaine de mousquets, et va faire main basse
sur quelques centres de population *païenne*. Ces
razzias ne sont pas difficiles, car les nègres du
Soudan ont grand'peur de la voix de la poudre.
Au premier coup de fusil, ils se jettent à terre
à plat ventre, et tendent le col au carcan de bois.
Mais ce ne sont pas seulement les gouvernements
qui *travaillent* ainsi dans la chair humaine. Il se
forme pour *faire cet article* des entreprises, des
associations particulières. Les *traitants* s'orga-
nisent en bandes. Alors commence *la chasse à
l'homme*. Ces battues, il est vrai, ont pour effet
de faire du Soudan oriental une terre de désolation... Mais il s'agit bien de cela! Les *traitants*
officiels ou privés s'en reviennent tranquillement,
poussant devant eux de *bons troupeaux* à face
humaine!...

» Donc, il y a au Soudan, notamment dans la
vallée du Nil, des *Zribas* ou parcs à *bestiaux
humains*... C'est de là que de longues files d'esclaves sont dirigées du côté de la mer Rouge.
Beaucoup de ces malheureux meurent en route,
de maladie, de fatigue et surtout d'inanition (car
on ne les nourrit guère qu'à coups de *courbache*),
mais qu'importe!...

» Cependant notre siècle a pensé que ce négoce, si *naturellement* et depuis si longtemps florissant, n'était autre chose qu'une *horreur!* Il a constaté que la traite enlève chaque année, à leur terre natale, un million d'êtres à face humaine, de race inférieure, si l'on veut, mais de race *anthropique,* après tout, et que huit cent mille de ces créatures meurent de misère ».

Voilà comment sait parler un Anglais *humanitaire* protestant : il constate le mal, le raconte d'une façon pas trop déplaisante, va même jusqu'à l'appeler une *horreur!* et il s'arrête là, content de sa prose et de son esprit. Quant à signaler un remède à de si inconsolables désespoirs, à la perte de tant de *millions* d'âmes, *rien!... pas un mot!!!*

Il a fallu qu'un évêque français, qu'un prince de l'Eglise catholique, fît retentir un long cri de détresse et prêchât la croisade en faveur de l'abolition de l'esclavage.

La générosité des catholiques du monde entier lui viendra en aide; et à son appel, le volontaire au cœur ardent et à l'âme chevaleresque, ira se dévouer pour assurer à ses frères en Jésus-Christ de l'Afrique équatoriale, la liberté dans la pratique de sa religion révélée par le ciel à la terre :

Guerre à l'esclavage! Dieu le veut!!!

CHAPITRE VIII

Le coup de fusil qui venait de retentir au loin, et qui avait été le prétexte d'une recrudescence de mauvais traitements envers les esclaves, avait été tiré par le capitaine Joubert, malgré la résolution qu'il avait prise de ne pas donner l'éveil. Mais il y avait eu cas de force majeure. Voici comment :

Après avoir franchi environ dix kilomètres, il était arrivé avec ses dix hommes, au sortir des jungles qu'il venait de traverser, dans une grande plaine littéralement couverte de monticules de terre de forme conique, et hauts de trois à cinq pieds. C'étaient des nids de fourmis dont l'ensemble présentait un coup d'œil des plus pittoresques. La chaîne avait passé là, le doute à cet égard n'était pas possible ; car l'herbe, courte et serrée comme un gazon, était encore froissée.

Tout à coup, le capitaine qui marchait en tête voit venir à lui, en bondissant, un lion d'une superbe taille. La bête fauve avait flairé la chaîne, et son instinct l'avertissait que d'habitude, sur le passage des esclaves, elle trouvait sa pâture...

— Halte ! commanda Joubert. Pas un mot, pas un coup de fusil, mes enfants ! ajouta-t-il, peut-être le lion passera-t-il sans s'occuper de nous. Laissez-moi faire...

Ce disant, il avait posé le canon de sa carabine sur un nid de fourmis et épaulé son arme. Le lion venait de s'arrêter. Il fixait, de son regard clair et franc, ces audacieux pygmées qui envahissaient son domaine; de sa queue puissante, il se battait les flancs, et sa crinière se hérissait. Alors un rugissement étouffé gronda dans sa large poitrine et, bondissant de nouveau, il se précipita en avant, droit sur le capitaine Joubert. Celui-ci lâcha la détente, et le lion, frappé au défaut de l'épaule, tomba raide mort.

— Il m'a été impossible de faire autrement!... soupira Joubert. En avant! Regagnons le temps perdu!

En quittant la plaine, ils trouvèrent le long de la route, qui maintenant traversait des halliers, les malheureuses femmes abandonnées par Siriatomba : les unes étaient mortes, les autres mourantes. Impossible de secourir ces dernières. Les antiesclavagistes s'arrêtèrent un instant pour leur faire boire un peu de vin de palmier qu'ils portaient dans leurs gourdes; le capitaine leur parla de Dieu, des espérances chrétiennes, les encouragea et les quitta, désolé de ne pouvoir les sauver.

Enfin, la petite troupe arriva à l'endroit où la chaîne s'était engagée dans la forêt. La marche y

devint très pénible. Il fallait se frayer un passage
à travers les lianes, les ronces, les branches qui
reprenaient à chaque pas leur position première.
Plus d'une fois aussi, le capitaine s'arrêta pour
s'assurer par les broutilles brisées, par les ronces
et les lianes arrachées, que les esclaves avaient
passé là... Ils marchèrent ainsi tout le restant de
la journée. Au déclin du jour, ils arrivèrent exté-
nués de fatigue à l'extrémité de la forêt. Devant
eux s'étendait une vallée profonde que dominait
le mont Shamato. Au fond de la vallée, ils aperçurent le chôme de Siriatomba; les esclaves
étaient au repos.

— Dieu soit loué! murmura Joubert. Puis,
s'adressant à ses hommes : Mes enfants, leur
dit-il, reposons-nous. Surtout que personne ne
sorte de la forêt! Quand il fera tout à fait nuit,
nous irons délivrer Nyémoéna et ses compagnons
d'esclavage.

Les antiesclavagistes mangèrent un peu de
sorgho et des fruits, burent quelques gorgées de
vin de palmier, et s'étendirent sur l'herbe, à la
lisière de la forêt, en tenant leur regard fixé vers
le fond de la vallée sur laquelle la nuit descendait
lentement. . . . .
. . . .

Pendant que Joubert et ses hommes se reposent, voyons ce qu'a fait Katendé qui poursuit
avec vigueur l'Arabe Matakénia.

6

Plus heureux que le capitaine Joubert, Katendé
ne rencontra pas de lion et ne trouva pas sa route
obstruée par les lianes, les ronces et les branches.
Il ne perdit que quelques instants à consoler et
à soulager autant qu'il lui fut possible les esclaves
meurtris, estropiés et abandonnés le long de la
route. Le soleil se trouvait encore à plus de deux
heures de hauteur sur l'horizon de l'Ourondi,
quand il aperçut la chaîne où se trouvait Marrasilla ; les esclaves étaient au repos sur les bords
du Rousisi qu'on devait leur faire franchir le
lendemain. A cet effet, les esclavagistes possédaient là, comme sur la plupart des cours
d'eaux environnants, des barques légères dissi-
mulées dans les roseaux.

— Nous n'allons pas tarder un seul instant,
déclara Katendé à ses hommes. Vos fusils sont-
ils chargés ? demanda-t-il.

— Oui, Katendé, oui frère.

— Bien! vous ne les déchargerez qu'à bout
portant sur les esclavagistes, que vous reconnaîtrez à leur couleur, ce sont des métis ; quant
aux Rougas-Rougas, ils sont noirs comme nous,
mais vous les reconnaîtrez parce qu'ils ne sont
pas liés, eux !... N'égarez donc pas vos coups, afin
de ne pas frapper ceux que nous voulons délivrer.
A la faveur des hautes herbes, faisons un détour
et gagnons en rampant les roseaux de la rive, pas
de bruit ! A la grâce de Dieu. Pensez au capitaine

Joubert qui sera content de nous et qui nous dira que nous sommes des braves, tout comme les blancs de son pays. Partons!... J'ouvre la marche, suivez-moi!... Quand vous me verrez m'élancer en avant en poussant notre cri de guerre : Joubert ! ! ! Imitez-moi.

Pendant que Katendé et ses compagnons avancent comme des reptiles dans la direction des esclavagistes, ceux-ci examinent de plus près leurs victimes, et supputent d'avance le gain que telle jeune fille plus belle que les autres leur fera réaliser, ou les offres qui leur seront faites par le sultan de tel ou tel sérail. Matakénia, de son côté, ne perd pas de vue Marrasilla. Il l'a fait détacher de la chaîne, et la jeune vierge noire, qui n'a plus que des entraves aux pieds, est assise sous un myrte. Elle pleure et par intervalles pose ses lèvres sur la médaille de la Vierge Immaculée. A quelques pas d'elle se tient debout le hideux Arabe, chef de la caravane humaine.

Ma belle enfant, lui dit-il, tu vois les égards que j'ai pour toi. Je te traite presque comme une personne qu'Allah aurait fait naître de race supérieure et libre. Ne sois pas farouche, fille des Wabikari... en échange du peu que tu as perdu dans ta condition sauvage, je te donnerai...

Il n'acheva point. Un cri terrible de menace : Joubert!!!... répété par soixante poitrines, vint faire frissonner les esclavagistes et tressaillir d'es-

poir leurs malheureuses victimes. Une vingtaine
de coups de feu crépitèrent, et dix Rougas-Rougas
roulèrent sur le sol.

— Aux barques ! Aux barques ! rugit Matakénia
qui, à l'aide d'un métis, emportait Marrasilla en
s'enfuyant. La pauvre enfant se débattait, mais
en vain. Que pouvait-elle faire avec des entraves
aux pieds, contre deux bêtes brutes qui l'enle-
vaient ?... Rien !... Rien que prier.

— O Mère blanche du ciel, ô Vierge puissante,
supplia-t-elle en sanglotant, sauvez votre Marrasilla !...

Cependant, revenus de leur surprise, les esclavagistes se mettent sur la défensive. Les coups
de feu se croisent. Quelques hommes de la troupe
de Katendé tombent... Mais le nombre des
Rougas-Rougas diminue. Bientôt ils s'aperçoivent
que leur chef a gagné la rivière. Alors ils lâchent
pied et s'enfuient vers le Rousisi. Katendé et les
siens les y pourchassent et en tuent encore plusieurs. C'est à ce moment que les volontaires de
Joubert voient Matakénia et un métis qui s'éloi-
gnent en emmenant Marrasilla dans leur barque.
La jeune fille, pieds et poings liés, appelle au
secours. Tous ses compagnons de chaîne vont
être délivrés, elle seule, parce qu'elle a plu à un
ignoble mahométan, ne sera pas rendue à la
liberté. Elle pousse des cris déchirants au milieu
desquels on distingue le nom de Marie. Puis

tout à coup elle se tait, comme si le désespoir avait gagné son âme. Au même instant un coup de feu part, et le métis qui accompagnait Matakénia s'affaisse frappé au front par une balle de Katondé.

— Par la vie du prophète ! hurla le chef arabe en saisissant les pagaies, vous n'aurez pas mon esclave, bâtards de race noire !...

— Joubert !!! cria Katendé en bondissant de colère et en s'élançant sur les bords du Rousisi à la poursuite de Matakénia ; moi vivant, tu n'auras pas notre sœur qui est chrétienne et libre comme moi ! Tu ne l'auras pas, chien du Coran !

Matakénia ramait avec rage. Il s'efforçait de gagner l'autre rive et luttait contre le courant qui l'aurait infailliblement porté vers les rapides dont on entendait déjà le bruit.

Katendé s'arrêta un instant pour recharger son fusil, s'il atteint l'autre rive avant que j'ai pu lui envoyer une balle, se disait le brave noir, Marrasilla est perdue...

La jeune fille ne savait pas sans doute que quelqu'un veillait sur elle. Ayant perdu tout espoir d'être rendue à la liberté, et ne voulant pas devenir le jouet de ces bêtes qu'on nomme sectateurs de Mahomet et qui n'ont d'humain que le visage, elle fit un suprême effort et se jeta hors de la barque en s'écriant :

— Pitié ! Mère blanche du ciel, pitié !!!...

0.

Un dernier coup de feu répondit à son appel suprême, et Matakénia tomba foudroyé au bord de sa barque. Le courant du Rousisi emportait maintenant la barque et roulait le corps de la vierge noire. Intrépide nageur, Katendé s'élança dans la rivière. Ils disparurent bientôt tous deux derrière un massif de roseaux.

Le lendemain matin, lorsque la caravane, rendue à la liberté, reprit le chemin de l'Ourondi et du lac Tanganica avec ses libérateurs, Katendé et Marrasilla n'avaient pas encore reparu.

Mais pendant ces événements, qu'étaient deve- nus Caniata et ses hommes? C'est ce que nous allons voir.

Séquacha, que le frère de nos trois héroïnes avait mission de pourchasser, plus expérimenté ou plus rusé que les deux autres chefs, faisait monter un Rouga-Rouga, de distance en dis- tance, sur un grand arbre quelconque, afin de s'assurer s'il n'était pas poursuivi. Grâce à cette précaution, il sut bientôt qu'une troupe de noirs armés se rapprochait de lui, à marche forcée. Ne se souciant point de se mesurer avec les anties- clavagistes, il prit la résolution de gagner au plus vite les bords du lac Tanganica, et quitta la route de Voira. Deux heures après, il arrivait au lac, où une foule nombreuse de marchands de chair humaine se trouvait réunie. Un navire était là, attendant la marchandise. Séquacha connaissait cette particularité, aussi préféra-t-il vendre son troupeau humain tout de suite, plutôt que de s'exposer à le perdre en s'obstinant à rejoindre ses complices à Nyangoué. En se présentant aux hommes d'affaires de Tipo-Tipo :

— Vite, leur dit-il, car les antiesclavagistes me suivent de très près !...

— Nous sommes en force et n'avons, par conséquent, rien à craindre ! lui fut-il répondu ; et le marché commença.

Caché sous l'épais feuillage d'un tamarinier, Caniata, qui venait d'arriver là en rampant, selon son habitude, voyait tout ce qui se passait. Quand il eut acquis la certitude qu'il était de toute impossibilité d'attaquer les esclavagistes, infiniment plus nombreux et bien armés, qui étaient venus d'Ujiji, il retourna auprès de ses hommes qui s'étaient embusqués à quelque distance, sous des racines, dans le lit d'un torrent desséché.

— Frères, leur dit-il, il est inutile d'essayer de délivrer Nyandéa et sa chaîne par la force. Retournez à la mission des Pères Blancs. Il m'est venu une idée que je veux mettre à exécution. Que Dieu me protège et je réussirai ! Allez ! Je reste seul !

Ses hommes protestèrent, ne voulant pas qu'il s'exposât seul. C'était de la folie !... Ils ne le tolèreraient pas !...

— Le capitaine Joubert m'a investi de son

autorité, fit remarquer Caniata, je vous ordonne
donc de partir sur le champ, et de me laisser
tenter seul de délivrer les esclaves. Nous nous
ferions, ici, tuer tous inutilement. Emportez mon
fusil, ma poudrière et ma gourde; tout ce qui
ferait reconnaître en moi un antiesclavagiste.

Ses hommes vinrent lui serrer la main avec
effusion, et s'éloignèrent sans mot dire. Quand
ils les eut vus disparaître dans les jungles, il se
jeta à genoux, leva les yeux au ciel et pria. Quand
il se releva, son regard brillait d'audace et
d'énergie. Il se signa et alla de nouveau, en rampant, se cacher sous le tamarinier. Il vit que la
plupart des esclaves étaient déjà embarqués, et
que l'embarquement continuait. Bientôt, il ne
resta plus que sa sœur Nyandéa, et une quinzaine d'autres jeunes gens des deux sexes.

Le représentant de Tipo-Tipo, à chaque esclave
qui passait devant lui, haussait les épaules, trouvant les hommes chétifs, les femmes trop laides
ou trop jeunes, et se plaignant de l'abâtardisse-
ment de la race noire. Cependant, .tout en cri-
tiquant, il faisait un premier choix des esclaves
les plus robustes et les plus beaux. Ceux-là il
pouvait les payer au prix ordinaire; mais, pour
le reste, il demandait une forte diminution. Séquacha, de son côté, défendait ses propres inté-
rêts, vantait sa marchandise, parlait de la rareté
des sujets et des périls de la traite, et la chaîne

diminuait toujours. Enfin, Nyandéa resta seule.

— Celle-ci, déclara Séquacha, je la garde !

— Elle est belle, en effet ! et je conçois que tu y tiennes, dit l'acheteur. Cependant, fit-il en montrant du doigt les immenses régions africaines, il ne manque pas de filles par là !... Si tu veux me céder celle-ci, je te donne 150 piastres, dix livres de poudre, du plomb et un panier de bouteilles d'eau-de-vie.

— Impossible ! Je la garde pour moi.

— Réfléchis ! on n'offre pas tous les jours 150 piastres et le reste pour une femme. Avec un peu de bonne volonté, tu en trouveras plus d'une par là qui vaudra bien celle-ci. Et puis, songe qu'en me la vendant, tu feras tout particulièrement plaisir à Tipo-Tipo. Il la cèdera pour un bon prix aux juifs de Zanzibar qui fournissent le personnel de certains palais turcs. Plus tard, d'autres juifs trouveront encore à l'utiliser en Algérie ou en Tunisie : voilà pourquoi je puis t'en offrir l'énorme somme de 150 piastres.

— Elle vaut davantage. Je ne la cèderai pas à moins de 250 piastres.

L'acheteur marchanda, et finalement donna 225 piastres.

— J'en aurai le plus grand soin, dit-il, et sur le navire, durant toute la traversée du lac, elle jouira d'une liberté relative.

La malheureuse Nyandéa, qui pleurait silen-

cieusement en se drapant dans sa longue tunique
blanche de chrétienne, fut embarquée comme ses
compagnons d'infortune. Les nombreux esclavagistes qui se trouvaient là reprirent la route
d'Ujiji en appréciant de différentes façons les
fluctuations des marchés humains, tandis que le
représentant de Tipo-Tipo rassemblait ses matc-
lots et leur donnait l'ordre d'appareiller. Alors,
sans hésitation aucune, Caniata s'avança jusqu'au
bord du lac et demanda au marchand d'esclaves
de vouloir bien l'emmener. Celui-ci ne compre-
nant pas le Kiswahili, fit venir un interprète :

— Demandez-lui, dit l'acheteur, pourquoi il
veut être esclave, quand il ne tenait qu'à lui de
rester libre dans son pays natal.

Caniata répondit simplement qu'il désirait par-
tager le sort de sa tribu.

— Embarquez-le ! fit l'acheteur, inutile de le
garrotter, puisqu'il se fait volontairement esclave.

En mettant le pied sur le pont du navire,
Caniata posa un doigt sur ses lèvres pour imposer silence à Nyandéa et aux autres esclaves de
sa tribu qui n'avaient pas encore été relégués à
fond de cale, et qui le regardaient avec autant
d'effroi que de stupeur. Il se contenta de prononc-
cer deux mots en passant devant Nyandéa :

— Silence !... Espoir !...

Quelques moments après, le navire, poussé par
une bonne brise de terre, cinglait à toutes voiles

vers l'extrémité méridionale du lac Tang nica,
d'où les esclaves allaient être dirigés sur Zanzibar.

Laissons-les voguer à la grâce de Dieu, et
retournons auprès du capitaine Joubert.

———— ————

CHAPITRE IX

Il faisait nuit dans la vallée du mont Shamato, et le calme le plus profond régnait. L'obscurité la plus complète empêchait de rien distinguer, et c'est à peine si l'on entendait, à de rares intervalles, un soupir timide ou un gémissement étouffé s'échappant de la chaîne d'êtres vivants qui se trouvaient là au repos, sous l'œil des métis et des Rougas-Rougas de Siriatomba. Celui-ci dormait à quelques pas de Daouda et de Nyémoéna. La jeune fille avait enveloppé dans sa tunique l'enfant qu'elle avait arraché à la mort en le réclamant; elle priait de toute la ferveur de son âme naïve et confiante.

Bientôt des ronflements sonores s'échappèrent du gosier du chef arabe. Siriatomba dormait à poings fermés. Alors les Rougas-Rougas s'étendirent sur le sol et se livrèrent, eux aussi, au sommeil. Qu'était-il besoin, après tout, d'avoir l'œil sur des esclaves enchaînés, tremblants de frayeur et brisés de fatigue?...

Un instant s'écoule et Daouda se dresse sur son séant, ce qui oblige Nyémoéna, attachée à la même cangue, de faire le même mouvement. Puis, avec de minutieuses précautions, et d'une

7

voix faible comme un zéphyr, le traître adresse
la parole à Nyémoéna :

— Voulez-vous être libre? lui demanda-t-il.

— Maudit! murmura la vierge noire, que
viens-tu me parler de liberté, toi qui as trahi
ceux qui t'avaient recueilli, toi qui as vendu tes
frères!...

— Est-ce que mon crime est grand, Nyémoéna?

— Malheureux! Il n'en est point de plus grand...
Tu le comprendrais, si tu étais chrétien. Notre
Dieu t'a puni, puisque tu es esclave comme ceux
que tu as trahis et vendus.

— Votre Dieu ne pardonne donc pas?

— Si, au repentir.

— Que devrais-je donc faire?

— Ce qui est impossible désormais!

— Rien n'est impossible à Daouda.

— Brise donc nos chaînes et délivre-nous tous,
afin que nous ne subissions point les tortures et
les hontes de l'esclavage.

Daouda se tut... et Nyémoéna se mit à prier.
Au bout d'un moment :

— Nyémoéna, dit le traître, l'enfant que vous
avez adopté dort-il?

— Pourquoi cette question?

— Parce que je veux vous rendre à la liberté.

— Nous tous?...

— Peut-être! Mais vous très certainement.

— Comment ferais-tu?

— Je dirai à l'enfant d'aller prendre le couteau de chasse de Siriatomba et de couper les cordes qui me lient les mains. Dès que mes mains seront déliées, je briserai votre cangue à l'aide de cette défense d'éléphant, et vous serez libre, vous partirez.

— Mais tout cela ferait du bruit... et une fois l'éveil donné...

— Daouda ne fera point du bruit... interrompit le traître.

Nyémoéna réfléchit...

— Je refuse, dit-elle ensuite; je préfère rester avec mes compagnons d'infortune et compter sur le secours de Dieu et de la Vierge, plutôt que de me hasarder avec toi dans ces lieux déserts; tu nous as toujours trahi, j'ai peur de toi ! Je refuse!

— Daouda restera prisonnier... Il ne brisera pas sa cangue. Daouda a fait beaucoup de mal... Mais il aime Nyémoéna qui ne lui a fait que du bien. Elle est un ange et lui est un démon, un Rouga-Rouga qui mérite son sort. C'est pourquoi il veut rendre la liberté à la fille du Montouala des Wabikari, qui priera pour que Daouda devienne chrétien.

— Oh! s'il était sincère... ô Mère blanche du ciel, inspirez-moi.

— Décidez-vous promptement, Nyémoéna. Je veux rester esclave et vous serez libre d'aller seule où vous voudrez.

— J'emmènerai aussi cet enfant.

— Si cela peut vous faire plaisir. Dort-il?

— Non.

— Dites-lui d'aller prendre le couteau de chasse de Siriatomba qui ronfle si bien à dix pas de nous.

Nyémoéna murmura quelques paroles à l'oreille de l'enfant qui s'acquitta de la mission au delà de toute espérance.

— Nuana, lui dit Daouda, coupe les cordes qui me lient les mains.

Ce fut l'affaire de quelques secondes.

Alors le colosse saisit la défense, cette énorme défense que Siriatomba avait ajoutée à sa charge; il allonge les bras, passe la défense en guise de levier, dans la fourche qui enserrait le cou de Nyémoéna, étreint d'une main de fer cette fourche pour l'empêcher de faire du bruit en éclatant, appuie de son autre main sur la défense et déchire la fourche : Nyémoéna était libre?... Cependant un léger craquement s'était fait entendre, et Siriatomba s'était réveillé en sursaut. Il ne vit ni n'entendit rien d'anormal et se remit à ronfler.

— Partez! dit Daouda à la vierge noire; la forêt est proche, partez! Vous êtes libre!... pardonnez-moi!

Nyémoéna s'arma du couteau de Siriatomba, prit l'enfant et disparut dans les ténèbres avec des précautions infinies.

— Et maintenant, à mon tour!... se dit Daouda, et en un clin d'œil il brise sa cangue de la même manière, et se voit libre.

— Daouda! supplièrent ses voisins de chaîne, Daouda, rends-nous aussi la liberté !

Ces cris d'angoisse auxquels il ne s'attendait point donnèrent l'éveil, et tout aussitôt, le chef arabe et ses Rougas-Rougas furent debout.

— Ah! c'est toi, grande brute, fit Siriatomba en s'élançant la carabine au poing sur Daouda debout et libre, c'est toi qui fais de ces coups-là !...

Mais déjà le colosse avait fait tournoyer sa terrible défense qui s'abattit lourdement sur la tête de Siriatomba. L'esclavagiste arabe ne poussa pas un cri : le coup de massue lui avait brisé le crâne. Daouda s'empara de son fusil et prit la fuite en suivant la direction prise par Nyémoéna, du moins le croyait-il. Il était temps qu'il s'échappât, car dix Rougas-Rougas arrivaient à la rescousse. Les autres suivaient de près, ils furent tous salués par ce cri qui les fit frémir : Joubert !!!... Les antiesclavagistes venaient d'arriver.

A cet instant précis, la lune surgissant des grands dômes de la forêt qui s'étendait à l'orient, et que esclaves et esclavagistes avaient traversée le jour même, inonda d'une lueur bleuâtre toute la vallée du Shamato. C'était le moment que le capitaine Joubert, comptant sur cette particularité, avait attendu pour l'attaque. La lutte ne fut pas longue. Au nom et à la voix de Joubert, les Rougas-Rougas, que leur chef ne dirigeait plus, furent pris d'une indicible panique et abandonnèrent la chaîne en laissant plusieurs des leurs sur le carreau. Guidés par Ghébala, les fuyards s'engagèrent dans les défilés de la montagne, où ils disparurent en couvrant de malédictions les antiesclavagistes qui entravaient ainsi leur industrie.

Alors le capitaine Joubert et les siens délièrent les esclaves :

— Nyémoéna ? demanda-t-il ; où est donc Nyémoéna ? Le savez-vous, mes amis ?

— Elle est partie !...

— Partie ?... où ?... quand ?... comment?...

— Daouda le traître lui a rendu la liberté, il n'y a pas longtemps ; puis il a assommé Siriatomba et s'est jeté dans la forêt sur les traces de Nyémoéna.

— Dans ce cas, elle ne peut pas être loin.

— Non, capitaine, car elle s'est chargée d'un enfant qui l'empêchera de marcher vite.

— De quel côté s'est-elle dirigée ?

— Nous n'avons pu le voir, la lune ne s'étant pas encore levée sur la vallée.

— Appelons-la ! dit Joubert ; et vingt voix firent retentir les échos de la vallée du nom de Nyémoéna. Mais l'écho seul répondit.

En quittant la chaîne, la jeune fille s'était préci-

pitée vers la forêt en pressant sur son cœur son
pauvre orphelin. Elle courait en invoquan' Marie,
partagée entre la joie d'être libre, la crainte d'être
reprise et le regret d'abandonner ceux de sa tribu.
Elle courait n'entendant rien, ne voyant rien,
se déchirant les pieds, les bras et le visage aux
ronces qui lui barraient le chemin, s'empêtrant
dans les lianes, tombant à chaque instant... Cela
ne pouvait durer; aussi tomba-t-elle bientôt pour
ne plus se relever cette fois : elle avait frappé de
la tête contre un arbre, et gisait inanimée à côté
du jeune enfant évanoui comme elle.

Daouda qui suivait les traces de la vierge noire
dans le but, hâtons-nous de le dire, de la guider
et de la protéger, car un mystérieux changement
s'était opéré dans l'âme de ce sauvage, — s'arrêta
quand le nom de Joubert retentit dans la vallée,
Il entendit le bruit de la lutte. Les cris de joie des
esclaves délivrés et le nom vingt fois répété de Nyémoéna. La pensée lui vint d'aller se jeter aux pieds
du capitaine Joubert et de lui demander pardon ;
mais il réfléchit que, n'ayant encore donné aucune
preuve de son repentir, il serait sûrement passé
par les armes pour avoir trahi et vendu la tribu
qui lui avait si généreusement accordé l'hospitalité. Il s'enfonça plus avant dans la forêt et se
blottit dans le creux d'un arbre qu'il rencontra par
hasard. Là, le sauvage colosse se mit à pleurer,
sans doute pour la première fois de sa vie.

— Je ne pourrai plus être utile à Nyémoéna, pensait-il ; et pourtant, j'aurais voulu lui prouver que je me repens d'avoir trahi sa tribu. Esclavagistes et antiesclavagistes sont désormais mes ennemis ... Je voudrais être chrétien et comprendre le Dieu de Nyémoéna, pour connaître le mal que j'ai fait... Mais Nyémoéna ne pourra pas m'apprendre sa religion, car elle a entendu les appels du capitaine blanc et de ses hommes, et va partir avec eux pour la mission du lac Tanganiça, où Daouda ne serait reçu qu'en ennemi ... Daouda est seul !... Daouda est comme une bête féroce!... Eh bien, Daouda veut mourir ici ?... ce disant, le colosse attira à soi, comme pour mieux masquer l'entrée de sa cachette, tout un fouillis de ronces et de lianes, puis il s'accroupît dans sa tannière, morne et résigné.

Durant la nuit, le capitaine Joubert fit faire des recherches dans les environs de la vallée, et ses hommes réitérèrent leurs appels, mais en vain, Nyémoéna ne vint point. Quand l'aube apparut au-dessus de la forêt, les noirs, rendus à la liberté, reprirent le chemin de l'Ouroundi, par la route parcourue la veille, la cangue au cou et les membres liés, sous les coups de fouet des esclavagistes.

— En marchant, ils rendaient grâce au Dieu des chrétiens, qui leur avait envoyé le capitaine blanc, et priaient pour Nyémoéna.

De son côté, le capitaine Joubert, s'adressant à la Vierge Immaculée, secours des chrétiens et Reine des Vierges, murmurait :

O Marie, vous qu'elle aime tant ? protégez-la ! sauvez-la !

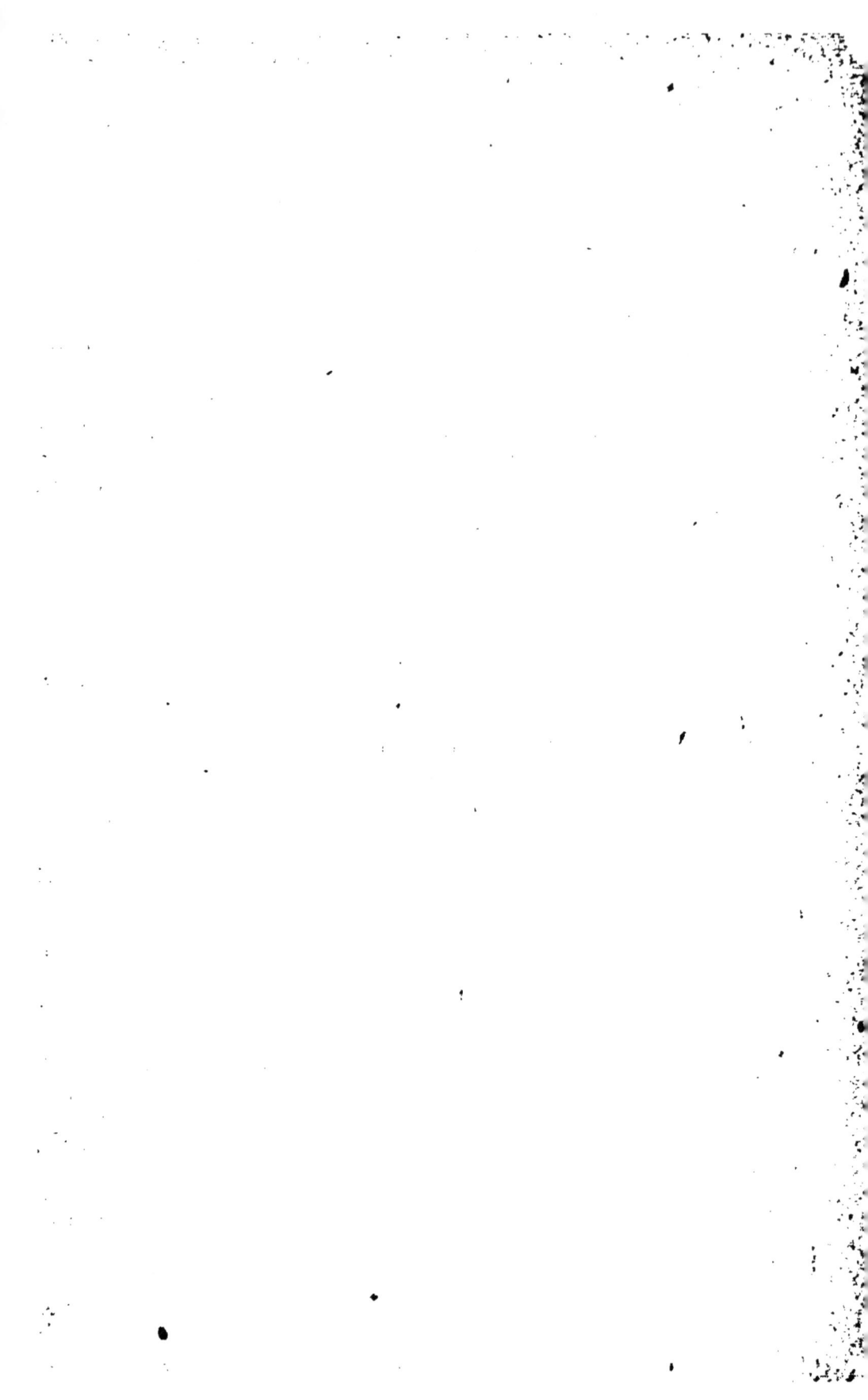

CHAPITRE X

Dans l'Afrique équatoriale, on nomme à *Tingi-tingi,* les points herbeux à l'embouchure des rivières et ailleurs, où l'herbe est trop épaisse pour laisser passer une embarcation, mais pas assez pour que les hommes y aient pied, et on leur donne le nom de *sindi,* quand ces points peuvent porter un homme.

Katendé, en disparaissant au coude du Rou-sisi, derrière le massif de roseaux, aperçut d'abord la barque de Matakénia, puis le corps de Marra-silla, retenus l'un et l'autre par les herbes d'un *sindi.* Marrasilla se débattait encore, mais très faiblement. En quelques élans, il arriva jusqu'à elle, et la souleva hors de l'eau ; la vierge noire ne donnait plus signe de vie...

— Mon Dieu ! pria le brave noir, ne permettez pas que la sœur de Caniata meure. Que diraient Joubert et les autres, si je revenais sans elle !...

Il marcha alors tant bien que mal sur le *sindi* jusqu'à la barque, et y déposa Marrasilla : puis jeta, par-dessus bord, les cadavres de Matakénia et de son métis.

Il s'agit maintenant, se dit Katendé, de gagner le courant et d'aborder à la rive.

Pour remettre l'embarcation à flot, il dut faire des efforts surhumains ; enfin, le courant l'emporta soudain avec une telle rapidité, qu'il n'eut pas le temps de la diriger, et qu'elle alla se briser, en tournoyant contre des troncs d'arbres couchés peut-être depuis des siècles, sur la rive opposée, dans une profonde excavation. Katendé put à peine prendre Marrasilla dans ses bras et sauter sur un de ces troncs, tant la catastrophe avait été rapide. Maintenant, c'en était fait : ils ne pouvaient plus être vus ni entendus par les libérateurs, compagnons de Katendé.

Là, sur le tronc d'arbre, celui-ci essaya de ramener Marrasilla à la vie. Bientôt la jeune fille fut prise de vomissements ; elle était sauvée, au moins de la mort présente. Elle jeta autour d'elle un regard épouvanté.

— Ne craignez rien, Marrasilla ! lui dit Katendé : Matakénia est mort, et les esclaves sont libres.

— Katendé !... murmura la pauvre enfant, c'est vous !... O Mère blanche du ciel, merci ! merci ! Katendé est un chrétien de notre tribu ; je ne serai donc pas vendue aux musulmans !

— Non, Marrasilla, non ! Nous sommes ici dans une bien mauvaise position, mais, avec la grâce de Dieu, nous nous en tirerons. Appuyez-vous contre ce tronc, et remettez-vous de vos fatigues et de vos émotions, pendant que j'aviserai aux moyens de sortir d'ici.

Leur position était, en effet, très critique. L'endroit où ils se trouvaient était une excavation en forme de grotte, creusée dans la rive par la crue des eaux. A la voûte de cette excavation pendaient des lianes et les racines des buissons déchaussés qui couronnaient le sommet de la rive, se dressant à pic à plus de trente pieds de hauteur. Comment sortir de là?... Et pourtant, il fallait en sortir, ou s'attendre à mourir de faim.

— O Mère blanche du ciel, soupira Marrasilla, inspirez mon sauveteur, aidez-le, achevez votre ouvrage.

Katendé fit le tour de la grotte, en sautant d'un tronc à l'autre. Il entr'ouvrit les lianes qui tapissaient les parois, pour voir si elles ne cachaient pas quelque issue en forme de drain minée par les pluies. Rien!... Il regarda, en dehors de la grotte, la rive qui s'élevait à pic, et eut un mouvement d'impatience, qui se changea bientôt en découragement. Comment faire pour atteindre les lianes qui pendaient au-dessus de sa tête, à quinze ou vingt pieds de hauteur?... Comment faire, même s'il avait pu les atteindre, pour tirer Marrasilla de ce lieu, qui avait le sombre aspect d'un tombeau ?... Se jeter dans le courant qui tourbillonnait à leurs pieds, c'était la mort inévitable. Katendé revint s'asseoir auprès de Marrasilla, et, machinalement, se mit à tresser une longue corde avec des lianes; elle servira peut-être à quelque chose! pensa-t-il avec tristesse.

La nuit vint et les trouva dans la même position. Cette nuit leur parut longue comme un siècle. Quand le jour apparut, Marrasilla dit qu'elle avait faim. Katendé, le front bas, passait dans ses doigts tremblants la corde de lianes qu'il avait tressée la veille. A quoi lui pourrait-elle bien servir ? Il n'en savait rien. Il regarda Marrasilla d'un air désolé, et des larmes brûlantes s'échappèrent de ses yeux. La vierge noire priait avec résignation...

— Ah ! maudits esclavagistes, que les larmes, que les souffrances, que le sang des pauvres noirs retombent sur vous ! !

Ce jour-là, l'atmosphère était lourde ; de gros nuages chargés de pluie s'amoncelèrent, et bientôt il plut à torrents. Presque aussitôt, Katendé entendit, au fond de la grotte, la chute d'un filet d'eau. Il se lève, y court, et trouve sous les lianes, dans un endroit qu'il n'avait point remarqué la veille, une ouverture assez large pour qu'il puisse s'y engager. De cette ouverture, s'échappe comme d'une gouttière ou mieux d'un drain le filet d'eau dont la chute l'a tiré de sa torpeur.

—Sauvés! s'écria-t-il, nous sommes sauvés !...

Marrasilla voulut se lever mais ses forces la trahirent; elle retomba lourdement sur le tronc d'arbre et baisa sa médaille en murmurant :

— O Mère blanche du ciel, ne m'abandonnez
pas !

— Puisque vous ne pouvez pas me suivre, lui
dit Katendé, je vous jetterai du haut de la rive
ma corde de lianes. Vous vous l'attacherez soli-
dement autour des bras, et je vous attirerai à moi.

Les choses étant ainsi convenues, le brave
noir s'engagea dans le conduit souterrain et en
sortit, plus d'un quart d'heure après, à moitié
asphyxié, couvert de boue et les mains ensan-
glantées... Mais il était au sommet de la rive, et
devant lui s'étendait l'espace.

— Attachez-vous bien à la corde de lianes,
recommanda-t-il en lançant une des extrémités à
Marrasilla.

La jeune fille s'y attacha fortement et Katendé
l'attira à lui. En arrivant au sommet de la rive,
Marrasilla poussa un cri de joie.

— O Mère blanche du ciel, merci ! merci !

Comme elle était très faible, Katendé la conduisit sous un papayer qui étalait ses larges feuilles
palmées au sommet d'un tronc frêle et lisse,
puis il se mit à la recherche de racines de manioc
pour apaiser leur faim. Quand il fut de retour.

— Sommes-nous loin de l'Ouroundi ? demanda
Marrasilla.

— A vol d'oiseau, nous n'en sommes qu'à une
journée de marche, puisque vous n'avez mis
qu'une journée pour venir jusqu'ici avec la chaîne,

Mais il nous faut maintenant remonter jusqu'aux sources du Rousisi pour les tourner, car nous nous trouvons jetés sur la rive droite du fleuve. Il m'est donc impossible de dire à quelle distance nous nous trouvons de l'Ouroundi.

La pluie ayant cessé de tomber, ils se mirent en route. Le noir soutenait la jeune fille. Pendant cette journée ils ne rencontrèrent qu'une troupe d'éléphants et quelques antilopes qui se détournèrent à leur approche. Le lendemain, d'excellents fruits ayant redonné de l'énergie à Marrasilla, la jeune négresse marcha de mieux en mieux. Vers le milieu du troisième jour ils aperçurent les sources du Roúsisi. A cette vue, Marrasilla se sentit tout à fait renaître. Ils s'engagèrent bientôt sur la rive gauche du fleuve, et deux jours après retrouvaient le chemin qu'avait suivi la caravane. Les nuits, ils les passaient sous quelque alléluba aux branches épanouies, ou dans les halliers, à la grâce de Dieu. Katendé le plus souvent veillait, armé d'un énorme bâton d'acacia dont il avait aiguisé un des bouts en pointe, sur une roche basaltique.

Ils ne se trouvaient donc plus qu'à une journée de marche des ruines de leur village. Ils se mirent en route dès l'aube. Vers le milieu du jour, au plus fort de la chaleur, Marrasilla se mit à l'ombre sous un gigantesque baobab, tandis que Katendé recherchait des fruits et des racines.

Tout à coup, les grandes herbes qui se dressaient autour de l'arbre géant remuèrent, et un miaulement saccadé se fit entendre.

— La panthère! s'écria Marrasilla avec un frisson; ô Mère blanche du ciel, sauvez-nous!

· Et, avec l'instinct et la souplesse natifs de sa race, prompte comme la pensée et agile comme un écureuil, posant ses pieds nus sur les rugosités du tronc de l'arbre et se cramponnant à son écorce, en quelques enjambées elle atteignit les premières branches, elle était encore une fois sauvée!... Oui! mais Katendé?...

La panthère venait de pousser un rugissement de colère en voyant sa proie lui échapper; comme pour narguer la pauvre enfant, elle se coucha au pied du baobab, la tête appuyée sur ses pattes de devant, et levant par intervalles vers la victime qu'elle convoitait, son regard cruel et fourbe de bête fauve.

Katendé avait entendu le rugissement. Il s'élança vers le baobab pour défendre Marrasilla. Celle-ci l'arrêta en lui criant :

— Je suis hors de ses atteintes, sauvez-vous !

Katendé grimpa sur un grand dattier d'où il lui cria à son tour :

— Plus haut; Marrasilla; plus haut! Les panthères grimpent aux arbres comme des chats sauvages.

Marrasilla monta plus haut.

' — Plus haut encore! recommanda Katendé, montez jusqu'aux plus faibles branches : là, la panthère ne vous suivra pas!

Marrasilla obéit.

La panthère s'était levée lentement, puis recouchée : évidemment, elle avait le temps d'attendre.

La nuit vint, s'écoula, et aux premiers rayons du jour, la panthère n'avait pas encore bougé de place. Cela ne pouvait durer longtemps, car Marrasilla était brisée de fatigue.

Je veux me sacrifier pour elle! pensa Katendé en descendant du dattier et en s'armant de son énorme bâton d'acacia, et il marcha droit à la panthère. Le féroce animal bondit sur ses quatre pattes et regarda venir l'audacieux d'un air surpris. Le courageux noir, habitué dès son enfance à manier la lance avec une adresse prodigieuse, lança son lourd bâton pointu qui alla s'enfoncer dans l'œil droit de la panthère. La bête roula sur elle-même en se tordant de rage et de douleur. Prompt comme l'éclair, Katendé avait repris son arme et frappé de nouveau en plein flancs. Mais cette fois il n'avait pas lâché son bâton. Transpercée d'outre en outre, perdant le sang à flots, la panthère râlait pendant que Katendé, appuyant sur sa lance d'acacia dont l'extrémité pointue était fichée en terre, maintenait la terrible fauve qui, avant d'expirer, put encore lui déchirer les jambes de derrière.

Alors Marrasilla descendit du baobab. Ils apaisèrent leur faim, se remirent en marche, et arrivèrent sans autre rencontre fâcheuse sur l'emplacement où se dressait naguère le village des Wabikari. Depuis la sacrilège dévastation, quelques jours seulement s'étaient écoulés, et des os déjà blanchis sous la dent des carnassiers et sous l'action du soleil, marquaient la place où étaient tombés sous les coups des esclavagistes les infortunés noirs qui ne demandaient que la paix dans leurs pauvres huttes. A la vue de ces ruines, les souvenirs d'enfance et de famille se pressèrent en foule dans l'esprit de Marrasilla qui tomba à genoux. L'orpheline baisa les os blanchis qui étaient peut-être ceux de son père et de ses frères; elle les arrosa de ses larmes et s'écria au fond du cœur :

—. O Mère blanche du ciel, je veux me sacrifier au salut de la race noire en me vouant à votre service. Acceptez le don que je vous fais de tout moi-même pour l'émancipation de ma race, par sa conversion à la religion de votre Jésus.

Quelques heures après, Katendé et Marrasilla arrivaient à la résidence des missionnaires où on leur prodigua toutes sortes de soins. Katendé raconta ses aventures au capitaine Joubert, et Marrasilla fit le récit de ses souffrances à la sœur et à la mère du martyr Noé. Puis elle alla se jeter aux pieds de la statue de la Vierge de l'orphelinat et pria longtemps pour le retour de ses sœurs, de Caniata et de tous les autres esclaves de sa tribu, renouvelant au milieu de ses larmes la promesse qu'elle venait de faire de se donner à Dieu pour le salut de la race noire.

CHAPITRE XI

Le bagne flottant qui renfermait dans sa coque les esclaves vendus par Séquacha aux marchands de Tipo-Tipo, voguait à pleines voiles sur le lac Tanganica. Cette mer intérieure qui a son calme et ses tempêtes comme les grandes mers qui baignent le continent africain, a une longueur de 530 kilomètres, et une largeur moyenne de 45 kilomètres. Dans certaines régions de ce lac, explorées par Cameron et Stanley, quelques champs de blé, perdus au milieu des jungles sur des îlots, dénoncent le lieu de retraite des pauvres fugitifs que les chasseurs d'esclaves ont forcés de se cacher au loin.

Le capitaine du navire négrier avait mis le cap sur la mission du lac Tanganica, dans l'intention d'y jeter l'ancre un moment. Il savait d'expérience que les Pères Blancs n'allaient pas manquer de venir lui acheter quelques esclaves pour les rendre à la liberté, et il comptait ainsi se défaire des plus faibles et des malades qu'il devait infailliblement perdre pendant la traversée. Quant à craindre le capitaine Joubert et ses hommes, il n'y pensait même pas ! Il avait à son bord des armes et des munitions en abon-

dance, plus deux canons sur le pont du bâtiment:
il n'avait donc rien à craindre, puisque les antiesclavagistes ne possédaient point de navires.

Le négrier ayant été signalé, les Pères Blancs
se trouvaient sur les bords du lac au moment où
le capitaine fit jeter l'ancre. Les missionnaires se
rendirent aussitôt à bord dans leur barque, et
demandèrent à racheter tous les esclaves malades.
On les conduisit dans l'entrepont et à fond de
cale où ces malheureux gisaient enchaînés, et
tout à coup des supplications lamentables s'élevèrent de toutes parts de ces poitrines haletantes :

— *Oibo rami !* Blancs, achetez-moi !...

Mais les Pères Blancs ne peuvent les acheter
tous ! Il faut faire un choix !... En vrais disciples
du divin Maître, leur choix se porte sur les plus
malades et les plus chétifs. Il en est qui ne
peuvent presque plus se tenir debout, qui n'arri-
veront pas à l'autre extrémité du lac parce que la
mort a marqué leur front d'un signe visible. Les
missionnaires se tournent vers ceux-là d'abord.
Le capitaine du négrier, pressé de se défaire
d'une marchandise sans valeur, cède pour quelques pièces de monnaie les plus malades de sa
cargaison. Les missionnaires *achètent leurs âmes,*
car bien peu reverront l'aurore du lendemain. Ils
les débarrassent avec douceur de leurs carcans
et de leurs liens, les font conduire dans une
barque et de là sur les bords du lac où on les

couche sur l'herbe fraîche, où on lave leurs plaies, où on les fait se reposer dans la sécurité et dans la paix, en attendant que la nuit ou le lendemain les anges du ciel viennent chercher ces âmes régénérées par le baptême.

Mais le rachat des moribonds n'a pas épuisé la bourse des missionnaires, sagement avares des ressources qui leur sont confiées par les cœurs généreux que l'Europe catholique compte encore : ils choisissent maintenant parmi les enfants valides, ceux qui paraissent les plus intelligents, les plus aptes à recevoir la divine semence de l'Evangile. C'est alors que le véritable *marché* commence. Le marchand avide et rusé exagère les qualités des *sujets*, enfle ses prétentions. Les missionnaires tiennent bon ! Ah ! sans doute, ils n'hésiteraient pas à racheter de tout leur or, de leur vie même une seule de ces âmes, déjà payées du sang d'un Dieu ; mais ils connaissent leur marchand de chair humaine ; ils savent qu'en usant de patience et de fermeté, ils l'amèneront à composition. En effet, il cède bientôt à l'influence surnaturelle des missionnaires qui, pour un prix à peu près convenu d'avance, et fixé aujourd'hui à *cinquante francs* par tête, peuvent choisir dans la troupe, autant de jeunes esclaves qu'ils en peuvent payer. L'argent versé, ils sont bien à eux, c'est-à-dire à Dieu.

Ce jour-là, les missionnaires rachetèrent

quinze esclaves ; toute leur fortune était épuisée,
la *cargaison* se composait encore de plus de
150 esclaves qui voyaient s'évanouir leur dernière
espérance et dont les sanglots et les lamentations
s'élevaient jusqu'au ciel :

— Oïbo rami ! Oïbo rami !!! . . . .

Hélas ! quand on songe qu'avec le prix de l'entretien d'une créature infâme, plus d'un riche
impudent de notre Europe rendrait la liberté à
des centaines d'esclaves!... Quand on songe qu'en
France, il est telle danseuse ou tel cabotin qui
gagne en une soirée, sur les tréteaux de la prosti-
tution et de la vanité, le rouleau d'or qui déli-
vrerait 200, que disons-nous, 500 esclaves!...
on ne s'étonne plus des maux qui fondent sur
notre vieille Europe blasée, ni des guerres imbé-
ciles que les nations chrétiennes se font entre
elles, et que Dieu permet pour leur châtiment !...
On s'étonne, au contraire, que le châtiment ne
soit pas plus immédiat, plus terrible. Qu'on y
réfléchisse pourtant : le sang de nos frères nous
crie vengeance au ciel, et Dieu, parfois, se lasse!

. . . .

En quittant le navire avec leurs précieuses
acquisitions, les missionnaires aperçurent Caniata
qui circulait librement sur le pont, et virent, liée
au gouvernail, sa sœur Nyandéa qui pleurait.

— O Pères Blancs, gémit la vierge noire, rache-
tez-moi afin que je puisse retourner à l'orphelinat

auprès de la statue de notre Mère blanche du ciel.

—Courage ! pauvre enfant, dit le Père Dromeux, courage ! nous ne possédons plus rien !... priez ! Dieu ne confond jamais ceux qui espèrent en lui.

Nyandéa se cacha le visage dans les mains et fondit en larmes. Ah ! si elle n'avait pas eu les pieds liés à la barre du gouvernail, comme elle se serait précipitée vers les missionnaires pour leur demander de la bénir ! Cependant ils le firent de loin.

Caniata, lui, passa assez près des Pères Blancs qui avaient appris par ses hommes son étrange détermination, pour leur faire entendre ces mots :

— Vous nous reverrez tous avant que le soleil se soit couché douze fois... mais priez pour nous !...

Bientôt on leva l'ancre et le négrier gagna le large du lac. Alors seulement Nyandéa fut détachée. Le capitaine la prit pour sa servante, et Caniata fut chargé, en sa qualité d'esclave volontaire, de distribuer les vivres aux esclaves de la cale et de l'entrepont.

Deux jours après, le capitaine, assis au gaillard d'arrière, fumait tranquillement de ce tabac de qualité supérieure qu'il recevait en cadeau des marchands de Zanzibar après chaque expédition. Nyandéa, sans fers, vêtue de sa tunique blanche, les pieds nus, portant un plateau chargé d'une

8

bouteille do *pombé* (liqueur fermentée chère à
tous les Africains et qui leur tient lieu d'eau-de-
vie), se tenait prête à lui verser à boire... A un
moment donné, le capitaine, avec une familiarité
outrageante, l'attire à soi et veut la faire asseoir
à ses côtés.

Caniata a tout vu. Il bondit vers le gaillard
d'arrière et d'une voix foudroyante :

— Ne la touche pas ! cria-t-il en levant sur la
tête du capitaine une barre de cabestan, ou tu es
mort !

Pour toute réponse, le capitaine le fit jeter
dans l'entrepont. La nuit, lorsque tout l'équipage
dormait d'un profond sommeil, les hommes de
garde entendirent d'abord un chant grave,
solennel, lugubre, qui partait de l'entrepont :
c'était Caniata qui, sous forme de chant de son
pays, préparait les autres esclaves à la révolte.
Aussitôt après, la voix furibonde du capitaine,
jurant et menaçant, et les coups de son terrible
fouet retentirent dans tout le bâtiment ; puis,
tout rentra dans le silence. Le lendemain,
Caniata parut sur le pont, la figure meurtrie,
mais l'air aussi fier, aussi résolu que la veille.

A peine Nyandéa l'eut-elle aperçu que, quittant le gaillard d'arrière, elle courut vers lui, et
lui dit avec un accent à fendre l'âme :

— O frère, délivre-nous vite ou ne t'expose
plus : il te tuerait !...

Caniata, remarquant que l'interprète était éloigné : *Une lime !...* dit-il, et il se coucha sur le tillac, en tournant le dos à sa sœur.

— Qu'as-tu dit à cet esclave ?,.. demanda le capitaine à Nyandéa en la souffletant brutalement.

— Qu'il ne devait plus s'exposer à votre colère.

Le capitaine la souffleta de nouveau et fit enchaîner Caniata : il était loin de soupçonner le sens des courtes paroles que le frère et la sœur avaient échangées.

Cependant, Caniata renfermé désormais avec les autres esclaves, les exhortait jour et nuit à tenter un effort généreux pour recouvrer leur liberté. Il leur parlait du petit nombre des blancs, et leur faisait remarquer la négligence toujours croissante de leurs gardiens depuis qu'ils naviguaient au milieu du lac.

Deux jours se passèrent encore, et un matin, à l'heure où les esclaves montaient sur le pont pour prendre l'air, Nyandéa jeta à son frère une racine de manioc, en lui faisant un signe que lui seul comprit. La racine de manioc contenait une petite lime adroitement dissimulée, que la jeune fille avait dérobée dans l'arsenal du navire ; c'était de cet instrument que dépendait la réussite du complot. D'abord, Caniata se garda bien de montrer la lime à ses compagnons ; mais, lorsque la nuit fut venue, il se mit à murmurer des paroles inintelligibles pour les blancs formant l'équipage, et la lime passa de main en main. Quand le jour parut, cinquante esclaves des plus robustes avaient limé leurs fers de manière que le moindre effort suffît pour les rompre.

L'heure vint de prendre le frais. Après avoir humé l'air pendant quelque temps, les esclaves se prirent tous par la main, et se mirent à danser pendant que Caniata entonnait le chant de guerre des Wabikari.

Le capitaine, ce jour-là, était d'une humeur charmante.

— Ils s'apprivoisent ! ils s'apprivoisent ! s'écriait-il en les regardant danser. Allons, ça va bien ! Ils ne dépériront pas, et je ne perdrai pas sur ma marchandise !...

Contre sa coutume, il complimenta l'officier de quart sur sa manœuvre, déclara à l'équipage qu'il était content, et lui annonça qu'à Liemba, où ils arriveraient sous peu de jours, chaque homme recevrait une gratification.

Quand la danse eut duré quelque temps, Caniata, comme épuisé de fatigue, se coucha tout de son long aux pieds d'un matelot qui s'appuyait nonchalamment contre les plats bords du navire. Tous les conjurés en firent autant, de sorte que chaque matelot était entouré de plusieurs noirs.

Tout à coup, Caniata qui venait de rompre ses

fers, pousse un cri qui devait servir de signal, tire violemment par les jambes le matelot qui se trouvait près de lui, le culbute, et, lui mettant le pied sur la poitrine, lui arrache son fusil et s'en sert pour tuer l'officier de quart.

En même temps, chaque matelot de garde est assailli, désarmé et aussitôt égorgé. De toutes parts, un cri de guerre s'élève. Le contre-maître, qui avait la clef des fers, succombe un des premiers. Alors une foule de noirs délivrés inondent le tillac. Ceux qui ne peuvent trouver d'armes saisissent les bords du cabestan ou les rames des chaloupes. Dès ce moment, l'équipage esclavagiste fut perdu. Cependant le capitaine vivait encore et n'avait rien perdu de sa férocité. S'apercevant que Caniata était l'âme de la conjuration, il espéra que, s'il pouvait le tuer, il aurait bon marché de ses complices.

Il s'élance donc à sa rencontre, le sabre à la main. Aussitôt Caniata se précipita sur lui ; il tenait un fusil par le bout du canon, et s'en servait comme d'une massue. Les deux adversaires se joignirent près du grand mât. Caniata frappa le premier ; par un léger mouvement de corps, le blanc évita le coup ; la crosse tomba avec force sur le pont, se brisa, et le coup fut si violent que le fusil échappa des mains de Caniata. Il étai sans défense, et le capitaine, avec un sourire diabolique, levait le bras et allait le percer.....

8.

Mais Nyandéa, agile et courageuse comme les lionnes de sa patrie, s'élança en avant, plongea un poignard dans le cœur de l'esclavagiste. Caniata était sauvé ; la victoire n'était plus douteuse. Le peu de matelots qui restaient essayèrent d'implorer la pitié des noirs, mais tous furent impitoyablement massacrés.

Lorsque le cadavre du dernier esclavagiste eut été précipité dans le lac, les noirs levèrent les yeux vers les voiles du navire qui, toujours enflées par un vent frais, semblaient obéir encore à leurs oppresseurs, et mener les vainqueurs, malgré leur triomphe, dans la terre de l'esclavage. Rien n'est donc fait!... pensèrent-ils avec tristesse. Quelques-uns dirent que Caniata saurait faire obéir le bâtiment ; aussitôt on appela Caniata.

Il parut sur le tillac. Pressé par cent voix confuses de diriger la course du navire, il s'approcha du gouvernail à pas lents. Il n'y avait pas un noir qui n'eût remarqué l'influence qu'une certaine roue exerçait sur les mouvements du navire ; mais dans ce mécanisme il y avait pour eux un grand mystère. Caniata recommanda à sa sœur de prier et imprima un violent mouvement de rotation à la roue du gouvernail.

Le navire marchait au plus près, ayant du vent par tribord. Au coup de barre, il bondit sur la vague, pirouetta sur lui-même, s'inclina avec

tant de violence que ses longues vergues plongè-
rent dans le lac, puis se redressa et fendit les
eaux. ayant maintenant le vent grand largue par
bâbord : il courait droit, sur la mission, ayant
viré cap pour cap.

Les noirs naviguaient depuis trois jours, allant
où les poussait le vent, quand ils reconnurent
certains paysages des bords du lac aux environs de la mission. Mais ils s'aperçurent
presque en même temps que le navire coulait
bas d'eau. Caniata, en voulant se rendre compte
de la gravité de l'avarie, trouva dans les écoutilles, caché derrière des tonneaux vides, un
survivant de l'équipage esclavagiste, qui avait
voulu se venger en pratiquant une voie d'eau
dans la coque du bâtiment. Le misérable fut jeté
dans le lac, et quelques instants après, une
longue traînée rouge à la surface des eaux, indi-
quait l'endroit où un crocodile l'avait entraîné.

Cependant le navire enfonçait de plus en plus.
L'eau gagnait maintenant les écoutilles. Quand
ils arrivèrent en face de la mission, mais hélas !
à un mille de la rive, le pont était submergé, et
bientôt tous ces malheureux eurent de l'eau
jusqu'à mi-jambe. Il fallut mettre les deux
embarcations à flot. Chargées outre mesure, en
moins d'une minute elles sombrèrent; presque
ous ceux qui les montaient furent noyés ou
entraînés par les crocodiles. Du rivage, on vit la

catastrophe et une dizaine de barques légères se portèrent au secours des naufragés.

C'est ainsi qu'une centaine de noirs purent enfin arriver à la mission, but de tous leurs désirs et de toutes leurs aspirations. De ce nombre étaient Caniata et Nyandéa. La vierge noire se précipita dans les bras de sa sœur Marrasilla, en s'écriant :

— O Mère blanche du ciel, ne permettez plus que nous retombions au pouvoir des esclavagistes musulmans, délivrez-nous des métis, et des Rougas-Rougas ! ramenez-nous Nyémoéna et vos enfants noires vous béniront à jamais !...

CHAPITRE XII

Nous avons laissé Nyémoéna et son orphelin évanouis tous deux, et Daouda accroupi dans un creux d'arbre.

Le hasard, ou pour mieux dire la Providence, avait conduit Daouda à quelques mètres de l'endroit où la vierge noire était tombée. La délicieuse fraîcheur de la nuit avait ranimé Nyémoéna. Quand les premières lueurs du jour descendirent jusqu'à elle, à travers les hautes futaies, elle promena ses regards sur tout ce qui l'entourait, elle reprit complètement connaissance en voyant à ses côtés le jeune enfant qu'elle couvrit de baisers et de caresses, et qui finit par la regarder et lui sourire.

Elle allait s'agenouiller pour adresser à Dieu une fervente prière, quand elle entendit des voix, et le craquement des broutilles sous les pas de plusieurs hommes qui s'avançaient vers elle. Un frisson lui courut par tout le corps..... Mais, s'armant du couteau de chasse de Siriatomba, elle s'adossa contre un arbre, résolue à vendre chèrement sa liberté, son honneur et sa vie.

— Où diable, disait une voix, notre Ghèbala

voulait-il nous conduire par les défilés du Shamato ? Se figure-t-il que la traite offre moins de
dangers dans le Bakombé que dans l'Ouroundi ?
Je suis d'un avis contraire. Dans l'Ouroundi nous
avons des débouchés partout : Ujiji, Kaouélé,
Karéma, Kitota, Liemba, sont autant de points
sur lesquels nous pouvons, avec beaucoup de
chances de succès, diriger nos caravanes d'esclaves. Il en ira autrement, quand ce chien de
Joubert aura reçu des renforts d'Europe. Mais
d'ici là, il nous sera possible, en recrutant quelques Rougas-Rougas, de réaliser encore de beaux
bénéfices, ce n'est pas la chair à esclave qui
manque dans ces régions. Voilà pourquoi je vous
ai proposé de tourner le dos à notre Ghébala et
de m'accompagner au lac Tanganica, vers Voira.
Nous agirons désormais pour notre compte personnel. Est-ce convenu ?

— C'est convenu ! répondirent deux autres
voix.

Ces hommes, au nombre de trois, étaient des
métis de la bande de Siriatomba, qui avaient,
comme on vient de le voir, refusé de suivre le
Ghébala, et qui prétendaient opérer pour leur
propre compte. Ils se nommaient, celui qui
venait de parler le premier, Mata-Yafa ; le
deuxième, Mona-Pého et le troisième Monzé-
Tonga. Ils ne le cédaient en rien pour la brutalité et la férocité aux trois chefs arabes :

— Joubert est déjà loin, nous pouvons donc avancer sans crainte, dit Mata-Yafa, Hé ! ajouta-t-il aussitôt, voilà que le gibier nous tombe dans les jambes !... et il s'arrêta à trois pas de Nyémoéna.

— Par Satan et le prophète ! vociféra Monzé-Tonga, c'est la sultane de Siriatomba !

— Belle enfant, tu vas charmer notre voyage en nous accompagnant !... fit Mona-Pého en s'approchant de la vierge noire.

— Arrière monstres ! dit Nyémoéna avec énergie et en brandissant son couteau d'un air farouche ; le premier qui pose la main sur moi est mort !...

— Nous voyons bien ce que tu voudrais faire, ricana Mata-Yafa ; mais comme nous ne comprenons pas le kiswahili, nous ne savons pas ce que tu dis, belle négresse.

— Je puis vous le traduire, si vous le désirez, déclara le géant Daouda, en se présentant, sa massue d'ivoire sur l'épaule, aux trois métis.

— Par les houris du prophète, c'est Douada ! s'écria Mona-Pého. Je te croyais passé dans le camp des esclavagistes.

— Jamais ! affirma le colosse.

— Pourtant, fit remarquer Mata-Yafa, c'est toi qui a assommé notre chef...

— Pourquoi, après tous les services que je lui avais rendus, m'avait-il fait esclave ?...

— Tu as raison ! Et, si tu le veux, tu seras notre première recrue, car nous voulons former une bande.

— Et votre interprète par-dessus le marché, dit Daouda, puisque je connais l'arabe et que vous ne comprenez pas le kiswahili.

— Par Satan ! tout commence à souhait.

— Je suis perdue ! je suis perdue ! gémit Nyémoéna qui vit bientôt de quoi il s'agissait. O Mère blanche du ciel, vous qu'on n'implore jamais en vain, les missionnaires de France me l'ont dit, sauvez-moi donc pour l'amour de votre Jésus !...

— Que dit-elle donc, notre sultane ? demanda Monzé-Tonga.

— Elle demande en grâce qu'on lui laisse l'enfant que vous voyez auprès d'elle... répondit Daouda, dont les ruses allaient en imposer aux rois métis.

— Qu'à cela ne tienne ! fit Mata-Yafa. Demande-lui donc, Daouda, si elle veut nous accompagner de bon gré, ou s'il faudra employer les grands moyens.

Daouda se tourna vers la jeune fille et lui dit d'un air insolent :

— Ne craignez rien ! Je veux être chrétien ! Je vous défendrai ! Ne jugez pas du fond de mon cœur par l'accent de ma voix !... Priez pour vous et pour moi, et marchez de bon gré : ils vont

vers le lac Tanganica et cela nous rapprochera
de l'Ouroundi.

— Eh bien, quelle est sa réponse ? Tu as parlé
du lac Tanganica et de l'Ouroundi...

— En effet ! Je lui ai conseillé de marcher de
bon gré, et lui ai dit que le chemin que nous
allions lui faire parcourir n'était pas plus long
que celui qui mène d'ici au lac ou dans l'Ouroundi.

— C'est parfait !... Daouda, tu seras bientôt le
Ghêbala de nos caravanes. Que nous recrutions
encore une quinzaine de gaillards de ta trempe,
et nous pourrons commencer nos opérations.
Avec le prix de la vente de cette superbe créature et du bel enfant qui l'accompagne, nous
armerons nos Rougas-Rougas. Quant à nous,
comme tu le vois, nous avons nos armes. En
route !... Mais avant, dis à la négresse qu'il faut
qu'elle nous remette son couteau qui ressemble,
à s'y méprendre, à celui de Siriatomba.

Toujours rusé, Daouda se hâta de dire :

— Nyémoéna, gardez votre couteau et ne
vous en séparez jamais. Priez ! je veille sur vous.
Priez votre Dieu qui pardonne, priez ! Et maintenant, faites de la tête un signe négatif : ils
veulent que vous leur remettiez votre couteau.

Nyémoéna s'exécuta et Daouda dit aux métis
qu'elle ne voulait pas se séparer de son arme.

— Mais j'y songe, dit Mata-Yafa, en se frappant

le front, comment se fait-il qu'elle n'ait pas suivi les esclaves délivrés ?

— C'est bien simple ! répondit Daouda. Je l'avais délivrée avant l'arrivée des esclavagistes, et...

— Je comprends! Toujours pour te venger de Siriatomba ?...

— Toujours !

— Et elle se sera égarée dans la forêt avant d'avoir eu connaissance de l'arrivée de ce chien de Joubert.

— Probablement, sans quoi elle ne serait pas ici, pour moi, c'était autre chose; je ne me souciais pas de tomber entre les mains des anties-clavagistes.

— Rien de plus clair ! Donc en route ! Qu'elle garde son couteau ! Si elle fait mine de s'en servir contre elle ou contre nous, gronda Mata-Yafa, en forme de conclusion, il y a une corde solide dans ma poche. Cette corde...

— Que je te défends d'employer, interrompit violemment Mona-Pého...

— De quel droit te mêles-tu de ce qui ne te regarde pas ? lui demanda Mata-Yafa?

— Et de quel droit prétends-tu posséder seul cette superbe esclave ?...

— De quel droit ? De quel droit ? fit Mata-Yafa en s'avançant vers son adversaire, les poings crispés, parce que je le veux ainsi !...

— Par le croissant ! jura Mona-Pého en s'armant de son poignard, nous sommes deux à le vouloir de cette façon !...

Ah ! s'ils pouvaient en venir aux mains, pensa Daouda, j'aurais bientôt fait de les assommer !

— Ce n'est pas en débutant ainsi, fit remarquer Monzé-Tonga, que nous arriverons à nous constituer en société. Et puis vous montrez le mauvais exemple; moi ou Daouda serions en droit de vouloir la posséder aussi, puisqu'il ne s'agit que de vouloir.

— Trèves d'hostilités ! fit Mata-Yafa en se calmant; il s'agit pour l'heure de bien définir nos attributions. Je renonce pour cette fois à la belle négresse, bien que ce soit moi qui l'ai aperçue le premier... Nous la jouerons à la courte paille, à celui qui aura la plus courte paille des trois, cette femme appartiendra; et nous partagerons en frères le prix qu'on nous en donnera plus tard. Quant à nos attributions personnelles, quelles seront-elles ?

— Moi, Ghèbala ! s'écria Daouda.

— C'est entendu ! déclarèrent les trois métis. Mais nous ?... lui demandèrent-ils; voyons, y a-t-il une bonne idée à ce sujet dans ta tête de nègre ?...

— Vous, répondit Daouda, vous ferez comme les trois chefs arabes, ils étaient maîtres tous les trois et s'entendaient très bien.

— Allons ! tu n'es pas tout à fait stupide, Daouda ; c'était notre première idée, et c'est la bonne ! déclara Mona-Pého. Topez-là, amis ! Guerre à la race noire ! Avant qu'il soit longtemps nous ne saurons que faire de toutes nos femmes.

Les trois scélérats se serrèrent réciproquement la main et se remirent en route. Daouda ouvrait la marche, suivi de Nyémoéna qui portait l'orphelin sur son dos, dans un large pli d'étoffe en sautoir.

Chemin faisant :

— Si vous êtes de mon avis, dit Monzé-Tonga, nous passerons par Voira, mais nous suivrons ensuite la côte occidentale du lac Tanganica. Nous trouverons bien quelque barque pour passer le lac et débarquer entre Ujiji et Karéma. En suivant la rive opposée, nous risquerions de faire la rencontre des antiesclavagistes du chien Joubert, qui rôde toujours dans ces parages. Cette rencontre aurait pour nous des conséquences désastreuses.

— Oui, avouèrent ses deux complices, c'est le parti le plus sage.

— Mais je vous ferai remarquer, insinua Daouda qui ne tenait pas à suivre ce nouvel itinéraire qui les éloignait considérablement de la mission, qu'en nous engageant dans cette région, nous courons le risque de tomber au pouvoir des tribus anthropophages...

Allons donc ! fit Mata-Yafa en riant ; les tribus anthropophages ne se trouvent plus que dans l'Ou-Koumou et l'Outou sur les deux rives du Congo. Et puis les anthropophages sont esclavagistes et ne mangent que leurs voisins !...

Daouda se tut. Il allait, ruminant un projet de délivrance. Ah ! si les métis n'avaient été que deux !... Mais trois, et armés comme ils l'étaient, il ne fallait pas songer à lutter !... Cependant il ne désespérait pas de se défaire d'eux bientôt.

— Connais-tu les défilés du Kagundo, Daouda ? questionna Mona-Pého.

— Il n'y a, dans toute cette région, ni un sentier, ni un arbre qui me soit inconnu. J'ai passé partout vingt fois avec les caravanes d'esclaves.

— Eh bien, décidèrent les métis, nous allons passer par le Kagundo.

En conséquence, ils obliquèrent à droite, et, au bout de quelques heures de marche, la petite troupe arriva dans un pays qui n'était plus qu'une suite de petites montagnes désolées. La route franchissait des défilés et des rochers granitiques. Tantôt ils étaient obligés d'escalader des masses rocheuses, en s'aidant des mains et des genoux, tantôt il leur fallait descendre au fond de la gorge, pour éviter quelque bloc géant coupant le sentier ; puis, en se cramponnant aux lianes poussées dans les crevasses, grimper derechef au niveau qu'ils venaient de quitter.

Brisée, anéantie, Nyémoéna s'affaissa sur un bloc de granit.

— Je refuse de faire un pas de plus! déclara-t-elle; tuez-moi si vous voulez, mais je ne puis plus marcher.

— Ils ne vous tueront pas avant de m'avoir tué, assura Daouda. Je vais leur dire que vous êtes trop fatiguée pour aller plus loin aujourd'hui.

— La négresse, dit-il aux métis, ne peut plus marcher; elle a besoin de repos.

— Il faudra que demain elle marche davantage; et si son négrillon la gêne, nous l'assommerons!... ce serait dommage, car c'est un bel enfant... Mais nous n'allons pas, pour lui, laisser dépérir notre sultane. Pour aujourd'hui, décida Mata-Yafa, nous passerons la nuit sous ce rocher qui surplombe devant nous.

Ils s'y rendirent et trouvèrent à l'entrée de cette espèce de caverne de nombreux squelettes gisant sur le bord du chemin : les entraves et les fourches encore attachées à des ossements blanchis, étaient autant de traces lugubres du diabolique commerce des esclaves :

— Mon Dieu! s'écria Nyémoéna en se couvrant la face de ses deux mains, mon Dieu! ayez pitié de moi! O Mère blanche du ciel ne m'abandonnez pas!

— Allons! allons! belle Africaine, ricana Mata-Yafa, pas tant de jérémiades et un peu moins de salamalecs vers le ciel!... De par le

croissant, tu es de race inférieure, et nous allons
te le prouver ce soir, car ton sort va se décider
à la courte paille. Dis-le lui, Daouda :

— Nyémoéna, dit le colosse dont la voix
tremblait, ils ont l'intention de vous jouer à la
courte paille.

— Êtes-vous bien sincère, Daouda, quand vous
me promettez de me protéger? demanda la vierge
noire; n'êtes-vous pas leur complice?...

— Je vous jure que je veux me faire chrétien
et obtenir mon pardon de votre Dieu et du capitaine blanc que je ne nomme pas, car les métis
comprendraient son nom et me soupçonneraient
de connivence avec vous.

— Je vous crois, Daouda. Dites-moi donc pourquoi ils veulent me jouer à la courte paille...

— Celui qui aura la plus petite paille aura
le droit, ce soir même, de vous regarder comme
lui appartenant.

— Merci, Daouda! J'attendrai jusqu'au dernier moment... j'attendrai aussi longtemps qu'il
y aura pour moi l'espoir d'échapper à ces monstres. Quand je me verrai perdue sans retour, je
m'enfoncerai ce couteau dans le cœur. Vous aurez
soin de cet orphelin que je vous prie de conduire
à la mission.

— Eh bien, quoi! Elle trouve ça drôle sans
doute d'être jouée à la courte paille?... demanda
Mona-Pého.

— Elle dit que si vous pensez à vos mères et à vos sœurs, vous ne le ferez pas, répliqua le colosse.

— Nos mères?... Nos sœurs!... Ah ah! c'est bien vieux tout cela et bon pour d'autres. Elle est jeune et belle, c'est de l'actualité!... La petite paille aujourd'hui l'aura! Daouda, tu peux le lui dire.

— Nyémoéna, dit celui-ci, priez pour vous et surtout pour moi, car au premier danger qui vous menacera, je sauterai sur eux et lutterai jusqu'à la mort. Surtout ne vous frappez pas au cœur avant de m'avoir vu succomber.

— Tu lui as dit, Daouda?

— C'est dit.

— Allons vidons nos gourdes!... Et les métis se mirent à boire du pombé :

— Nous en trouverons d'autre en abondance demain, dans quelque village esclavagiste que nous rencontrerons sur notre chemin : donc, vidons nos gourdes! répéta Monzé-Tonga. Toi, Daouda, ajouta-t-il d'un air narquois, si tu as soif, il y a une source non loin d'ici.

—· Et si la sultane a faim, dit Mata-Yafa, il y a encore un peu de sorgho dans ma gibecière.

Un éclair brilla dans le regard de Daouda, qui se coucha sans mot dire, entre Nyémoéna et les métis.

Ceux-ci burent à grandes rasades, et se trouvèrent bientôt sous l'influence combinée de la liqueur forte et de la température équatoriale. Ils ricanaient, gesticulaient, éructaient des blasphèmes et des propos qui devaient assurément faire la joie des esprits immondes de l'abîme infernal.

Alors, Mata-Yafa s'écria :

— Au jeu! Au jeu!...

Puis, les trois monstres s'apprêtèrent à tirer à la courte paille. L'enjeu de la partie était la pauvre vierge noire.

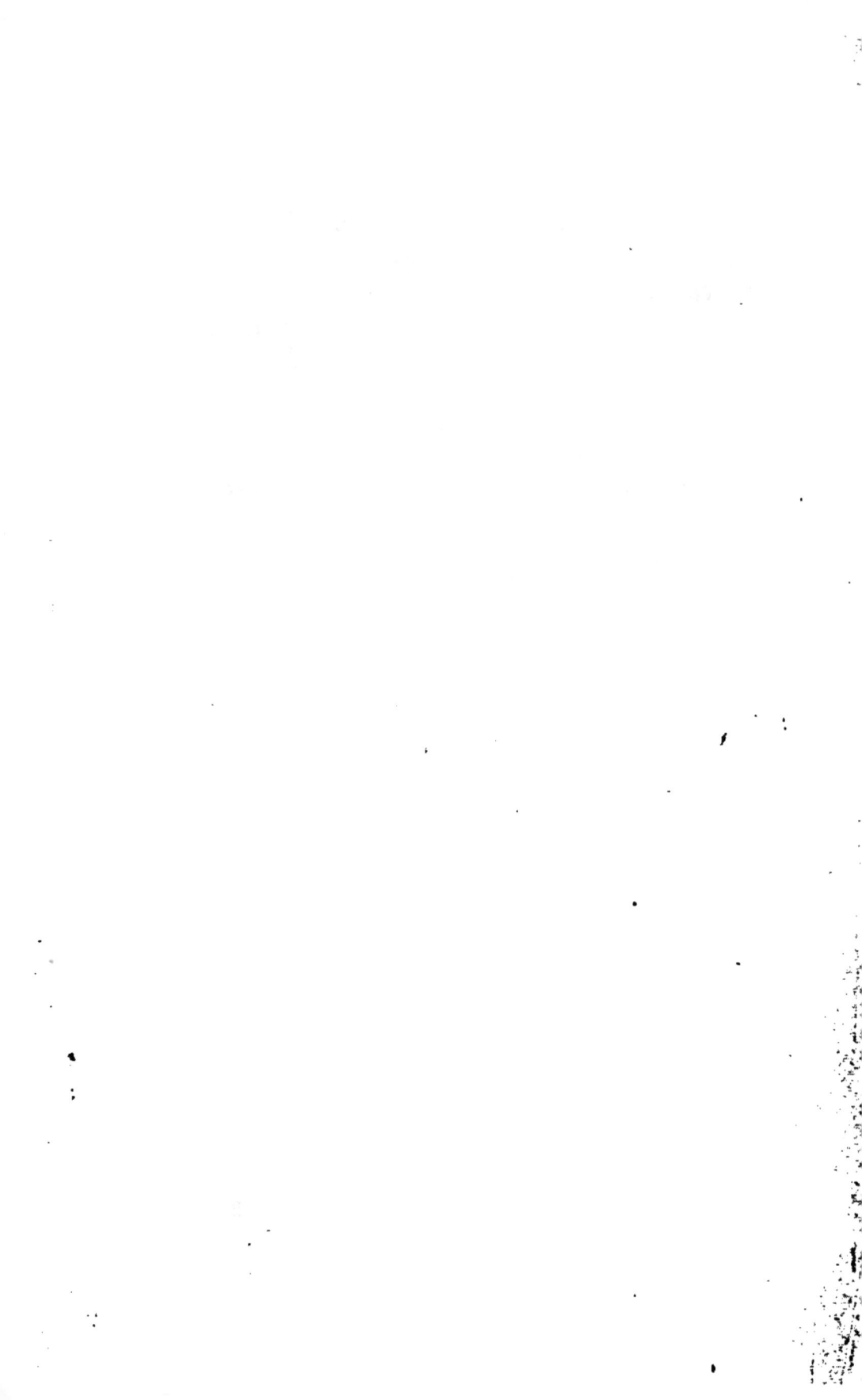

CHAPITRE XIII

A une très faible distance de l'endroit où nous venons de laisser Nyémoéna, dont le sort va se jouer, une cinquantaine de pauvres cases se dressaient au fond d'une gorge étroite, encaissée entre des rochers. Ce lieu, inabordable pour quiconque n'y habitait pas, était devenu le lieu de refuge d'une petite tribu formée de malheureux noirs qui avaient pu échapper aux razzias des esclavagistes. La crainte que leur inspiraient les Rougas-Rougas les avait poussés à fixer leur résidence dans ce lieu désert, parce qu'il présentait le double avantage d'être ignoré, et d'avoir une source dans son voisinage.

Les sources, en effet, en attirant les étrangers et les tribus nomades, décèlent souvent les retraites de ceux qui ont l'impudence de s'établir autour d'elles.

Les membres de cette petite tribu élevaient quelques chèvres, et donnaient leurs soins à un jardin qui ne leur rendait, pour toute récompense, qu'une faible récolte de melons et de citrouilles. La plupart des noirs qui, après avoir échappé aux esclavagistes, se trouvent dans le même cas, vont puiser de l'eau pour eux-mêmes

et pour leurs animaux domestiques, au lit des
sources peu profondes, avec un morceau de
coquilles d'œuf d'autruche, et seulement par
cuillerées. Souvent même la peur les détermine
à cacher l'endroit où ils la puisent, en remplissant
avec du sable les fosses qui la leur fournissent,
et en allumant du feu à la place même où ils ont
fait cette espèce de citerne. Ensuite, lorsqu'ils
veulent tirer de l'eau, les femmes mettent dans
un sac, ou dans un filet de fibres de raphia
qu'elles portent sur le dos, vingt ou trente
coquilles d'œufs d'autruche, percées d'une ouverture assez grande pour y introduire le doigt, et
qui leur servent de vases. Elles fixent au bout
d'un roseau, qui peut avoir 60 centimètres de
longueur, une touffe d'herbe qu'elles enfoncent
dans un trou de la profondeur du bras, et l'y
assujettissent au moyen du sable mouillé qu'elles
foulent à l'entour ; appliquant ensuite leurs lèvres
à l'extrémité libre du roseau, elles opèrent le vide
dans la touffe d'herbe : l'eau y arrive et ne tarde
pas à monter dans leur bouche. A mesure que le
liquide est aspiré du sol, gorgée par gorgée, il
descend dans la coquille d'œuf posée par terre à
côté du roseau, à quelques centimètres des lèvres
de la femme qui l'attire ; il y est guidé par un
brin de paille dont il suit l'extérieur, mais où il
n'entre pas.

La provision d'eau, après avoir passé comme

dans une pompe, est emportée dans les cases et enterrée avec soin.

Voilà à quoi en sont réduits, dans leur patrie aux territoires immenses et d'une richesse merveilleuse, les pauvres noirs traqués comme des bêtes fauves par les esclavagistes musulmans qui n'ont pour eux ni le nombre, ni le droit. Ils ne sont qu'une poignée d'aventuriers cyniques et sanguinaires, âpres au gain et à la luxure, entre l'Europe chrétienne absorbée par ses querelles intestines et sottes autant que ruineuses, et l'Afrique centrale qui appelle la civilisation de l'Évangile et la liberté des enfants de Dieu, et qui les appelle de ses vœux les plus ardents !... Et cette poignée de monstres arrêterait l'essor de la civilisation et de la liberté ?... Non ! non ! Guerre à l'esclavagisme ! Dieu le veut ! L'Évangile sera prêché à toutes les nations, et bientôt la croix de Jésus-Christ inondera de ses lumières les régions africaines où l'enfer règne dans les ténèbres !...

Au moment où les métis demandaient au hasard de décider du sort de Nyémoéna, des femmes de la petite tribu réfugiée non loin de là, remplissaient leurs coquilles d'œufs d'autruche à la source que Monzé-Tonga avait recommandée à Daouda, dans le cas où celui-ci aurait eu soif. Cette source se trouvait à une cinquantaine de mètres derrière le rocher au pied duquel la vierge noire était tombée épuisée de fatigue.

Tout en aspirant l'eau, l'une de ces femmes tendait l'oreille du côté du rocher ; il lui semblait entendre un bruit de voix menaçantes. Elle en fit part à ses compagnes qui se mirent aux écoutes, et soudain toutes se levèrent et prirent la fuite. L'une de ces pauvres négresses, dans sa précipitation, avait abandonné dans le sable, dissimulant la source, son bout de roseau qui servira bientôt dans une circonstance émouvante.

Aussitôt toute la tribu apprit que des étrangers se trouvaient dans leur voisinage. La panique fut grande, car la plupart des hommes étaient partis à la chasse aux éléphants dont ils mangent la chair et dont ils gardent les défenses dans l'espoir de les troquer pour des armes, de la cotonnade et des instruments aratoires, quand ils pourront entrer en relations avec d'honnêtes marchands antiesclavagistes.

A la nouvelle du danger qui les menaçait, un des noirs restés dans le village grimpa au sommet d'une petite montagne rocheuse qui dominait la gorge où se dressaient les cases, et, du haut de cet observatoire, examina attentivement tout ce qui se déroulait à ses pieds. Il ne vit point les étrangers qui étaient cachés par le rocher ; mais il vit dans la plaine les hommes de sa tribu qui cherchaient à surprendre un éléphant. Il dressa immédiatement sur le plateau une perche

au bout de laquelle flottait une gerbe de lianes ;
c'était le signal convenu en cas d'alerte.

Entièrement absorbés qu'ils sont par les précautions à prendre, pour s'approcher de l'éléphant,
je doute qu'ils aperçoivent mon signal, pensa le
noir, mais comme le jour baisse et que, par
prudence, ils rentrent toujours avant la nuit, ils
ne sauraient tarder à revenir.

Les chasseurs prenaient réellement de très
grandes précautions, car il y avait deux éléphants,
une femelle et son petit ; elle était debout et
s'éventait avec ses grandes oreilles, tandis que
l'éléphanteau se roulait joyeusement dans les
grandes herbes.

En ce moment, les chasseurs, sur une longue
file, approchaient en rampant des deux probos-
cidiens. L'excellente bête ne se doutait pas de
l'approche de l'ennemi, et se laissait téter par
son petit qui pouvait avoir deux ans. Tous les
deux allèrent ensuite dans une fosse remplie de
vase où ils se barbouillèrent de fange ; le petit
folâtrait gaiement, il agitait ses oreilles et balan-
çait sa trompe à la mode éléphantine ; la mère,
de son côté, remuait la queue et les oreilles pour
exprimer sa joie.

Tout à coup, retentirent les sifflements de ses
ennemis, dont les uns soufflaient dans un tube,
les autres dans leurs mains jointes, comme pour
éveiller l'attention des deux animaux. Les élé-

phants relevèrent les oreilles, écoutèrent ce bruit étrange et sortirent de la fosse, au moment où leurs assaillants se précipitaient vers eux. Le jeune s'enfuit d'abord, en se dirigeant devant lui, mais, apercevant les chasseurs, il revint auprès de sa mère, qui se plaça entre lui et le danger, et lui passa maintes et maintes fois sa trompe sur le dos, afin de le rassurer. Tout en s'éloignant, la pauvre mère s'arrêtait souvent pour regarder ses ennemis qui continuaient leur musique infernale ; puis elle se retournait vers son éléphanteau, le rejoignait bien vite, ou marchait de côté en hésitant, comme si elle avait été partagée entre le besoin de protéger son fils, et le désir de châtier ses audacieux persécuteurs.

Du haut de son observatoire, le guetteur agitait toujours sa gerbe de lianes, et tremblait, dans la crainte que les étrangers qu'il savait être à quelques centaines de mètres de lui, n'entendissent le vacarme des chasseurs criant et sifflant.

Ceux-ci étaient à trente pas environ derrière les éléphants, quelques-uns sur le côté, mais à pareille distance, jusqu'au moment où les deux animaux furent obligés de traverser un marais fangeux. Le temps qu'ils mirent à le franchir permit aux chasseurs de gagner du terrain ; lorsqu'ils ne furent plus qu'à quelques pas, ils lancèrent leurs javelines sur la mère. Toute rouge

du sang qui coulait de ses blessures, la pauvre
bête prit la fuite sans plus paraître songer à son
enfant. Le petit s'éloignait aussi vite que possible; toutefois, les éléphants, jeunes ou vieux,
ne prennent jamais le galop : une marche très
rapide est leur plus vive allure. Le pas de la mère
se ralentit par degrés; puis, se retournant en
poussant un cri de rage, elle se précipita sur les
chasseurs, qui se dispersèrent en se jetant à
droite et à gauche. Quatre fois elle recommença
en droite ligne cette charge inutilement furieuse;
puis enfin, tournant sur elle-même, elle chancela
et mourut agenouillée; l'éléphanteau avait disparu.

Les chasseurs poussèrent un cri de triomphe,
auquel trois coups de feu, tirés presque simulta-
nément, répondirent dans la direction de la caravane où se trouvaient les trois métis, Daouda et
Nyémoéna.

Les chasseurs qui s'apprêtaient à dépecer l'éléphant, se regardèrent avec effroi. Ils levèrent les
yeux vers le pic qui dominait leur village, et
virent flotter à son sommet la gerbe de lianes...
Tous aussitôt se couchèrent à plat ventre dans
les hautes herbes, et rentrèrent en rampant silencieusement dans la gorge qu'ils habitaient. La
plus grande anxiété y régnait.

— Que se passe-t-il donc? demanda Mtésé,
qui était le chef de la tribu.

— Rien de rassurant!... répondit une des

femmes qui avaient été à la source. Nous avons entendu des voix menaçantes derrière le grand rocher... et le tonnerre des blancs vient de gronder par trois fois, il n'y a qu'un instant.

— C'est ce qui nous a fait rentrer en toute hâte, dit Mtésé.

Ce sont les esclavagistes... nous sommes tous perdus!... soupirèrent les femmes et les enfants, tandis que les hommes baissaient la tête d'un air résigné.

Cette tribu n'était pas chrétienne, elle était conséquemment beaucoup moins intelligente et moins courageuse que les tribus déjà évangélisées. C'est pourquoi nous la voyons tomber dans une sorte de prostration stupide. Selon eux, les esclavagistes musulmans et leurs Rougas-Rougas allaient se présenter d'un moment à l'autre; c'était inévitable et fatal!... A quoi bon dès lors organiser la résistance et se mettre sur la défensive, puisque les pauvres noirs sont toujours vaincus?...

Et cependant, dans les airs de la patrie africaine, les noirs enfants de l'Équateur redisent souvent :

« La paix! La paix! nous dormirons!... »

Et, une chose digne de remarque, c'est qu'aux yeux de tous les indigènes qui ont déjà eu quelques rapports avec les missionnaires catholiques, la paix, cette paix qu'ils désirent tant, semble devoir résulter de la prédication de l'Évangile.

Eh bien oui! l'Évangile leur rendra leur dignité d'hommes créés à l'image de Dieu. Alors ils sauront s'organiser et se défendre et posséderont la paix du chrétien, cette paix dont la douceur est ineffable, et à laquelle ils ont autant droit que nous. Ce qui le prouve sans conteste possible, c'est qu'ils en ont la providentielle intuition, et que leurs oppresseurs sont précisément les ennemis du Rédempteur de tous les humains, de Jésus-Christ, Fils de Dieu fait homme, qui seul peut donner la paix.

Cependant Mtésé et les membres de sa tribu allèrent s'agenouiller en face de la case de leurs fétiches, et là se livrèrent à toutes sortes de cérémonies plus bizarres les unes que les autres, afin de se rendre leurs gris-gris propices, et de conjurer, par des sortilèges, le danger qui les menaçait. Après quoi ils se retirèrent dans leurs cases et attendirent.

La nuit s'écoula pour eux dans des transes continuelles ; le bruit d'une petite pierre se·détachant d'un rocher et roulant jusque dans la plaine, le gémissement du vent dans les buissons de cactus, les rugissements des fauves dans le lointain, tout les faisait tressaillir d'effroi. Pourtant le jour vint, et dès qu'il y put voir, Mtésé monta lui-même au sommet du pic qui servait d'observatoire. Il fouilla la plaine, les collines et l'horizon d'un regard inquiet... Mais il n'entendit rien... ne vit rien que le cadavre de l'éléphant tué la veille, et sur lequel plusieurs hyènes s'acharnaient. Il descendit et rassura les siens.

— Il se peut, leur dit-il, que des esclavagistes se soient reposés avec leurs esclaves dans notre voisinage, mais à coup sûr ils sont partis. Nos provisions étant épuisées depuis hier, il est de toute nécessité que nous allions disputer aux hyènes les restes de l'éléphant que nous étions si heureux d'avoir tué. Que les plus décidés d'entre vous me suivent, sinon la peur nous affamera dans nos cases.

Une vingtaine de noirs suivirent leur chef, non sans hésitations...

A peine s'étaient-ils éloignés que les femmes délibérèrent pour savoir quelles seraient celles qui iraient renouveler la provision d'eau épuisée. Après de longs pourparlers, cinq d'entre elles furent chargées de la besogne. En conséquence, elles placèrent les coquilles d'œufs d'autruches dans les filets, se munirent de leurs roseaux, et se dirigèrent vers la source. Elles allaient avec une circonspection qui avait quelque chose de risible, reculant de trois pas quand elles en avaient fait cinq, se jetant l'une sur l'autre au moindre bruit, écrasant leurs coquilles d'œufs...

Enfin, elles arrivèrent au détour du coteau au pied duquel se trouvait la source.

Les cinq femmes poussèrent un cri et s'arrêtèrent clouées sur place, comme pétrifiées...

Tout auprès de la source, un noir de grande taille et de formes athlétiques se trouvait étendu... Il était criblé de blessures d'où son sang avait abondamment coulé... Agenouillée, une jeune négresse d'une beauté remarquable aspergeait le front du blessé avec l'eau qu'un enfant aspirait de la source au moyen du roseau qu'une des porteuses d'eau y avait abandonné la veille.

A la vue des cinq femmes, la jeune négresse poussa un cri d'espoir et se redressa en tendant ses deux mains vers les négresses, ses sœurs de race ; un filet de sang, partant de la poitrine, zébrait la longue tunique blanche de la jeune femme...

— Oh! venez, sœurs, venez ! s'écria-t-elle, nous sommes chrétiens et nous souffrons, venez! nous avons besoin de secours, soulagez-nous !... Ne craignez rien ! venez ! Les missionnaires de France vous béniront !...

Revenues de leur première stupeur, les femmes, au lieu de répondre et d'accourir à l'appel de Nyémoéna que nos lecteurs ont reconnue, lui tournèrent le dos et disparurent.

La vierge noire tomba à genoux à côté de Daouda et, pressant son pauvre négrillon sur son sein ensanglanté, fondit en larmes en gémissant cette prière :

—O Mère blanche du ciel, vous, du moins, ne nous abandonnez pas !... Inspirez à ces femmes le désir de venir nous porter secours. Ne permettez pas que nous mourions ici de fatigue et d'inanition. Vous m'avez jusqu'à ce jour gardée pure et sauvée de l'esclavage ; mettez le comble à vos bienfaits, ô douce et bonne Mère blanche du ciel, en vous servant de la tribu à laquelle appartiennent les femmes que je viens de voir, pour nous reconduire à l'orphelinat de la mission des Pères Blancs...

CHAPITRE XIV

Nous avons laissé les trois métis au moment où, ivres tous trois, ils vont tirer à la courte paille. Daouda, on se le rappelle, se trouve couché entre eux et Nyémonéa qui tient son négrillon orphelin étroitement embrassé et prie de toute la ferveur de son âme.

Mata-Yafa vient de préparer trois pailles d'inégale grandeur.

— Tire ! dit-il à Mona-Pého qui s'exécute.

— A toi, Monzé-Tonga !...

Celui-ci tire la plus longue paille et Mata-Yafa possède la plus courte...

— A moi la sultane !... s'écria-t-il alors d'un air vainqueur.

— Tu as triché ! rugit Mona-Pého.

— Par Mahomet ! vociféra Mata-Yafa, je vais te faire rentrer ces trois mots dans la gorge, bâtard !

Mais déjà Mona-Pého tenait sa carabine. Mata-Yafa saisit la sienne, et les deux adversaires se dévorent du regard, comme deux bêtes féroces se disputant une pauvre victime :

— Répète donc que j'ai triché... grinça Mata-Yafa.

— Oui, tu as triché ! Tu tenais en main une quatrième paille plus courte que les trois autres.

J'ai triché ?...

— Oui ! par Satan !!! Et tu n'auras pas la belle négresse ; je la veux, moi !

Au même instant deux coups de feu se croisent, immédiatement suivi d'un troisième, Mata-Yafa et Mona-Pého avaient tiré l'un sur l'autre, mais le dernier, frappé en plein front, avait roulé sur le sol sans pousser une plainte.

Aussitôt Daouda bondit, s'empare de la carabine de Monzé-Tonga, et d'une balle au cœur étend Mata-Yafa à ses pieds.

— Très bien, Daouda ! approuva Monzé-Tonga, très bien ! Je saurai te récompenser plus tard... Grâce à toi, me voilà seul à posséder cette créature, ajouta-t-il en s'approchant de Nyémoéna. Mais déjà la jeune chrétienne porte la pointe du couteau de chasse de Siriatomba vers sa poitrine... La lame effilée déchire sa tunique blanche, pénètre dans son sein...

— Arrêtez ! ! ! cria Daouda d'une voix terrible en lui arrachant l'arme, je ne suis pas mort ! ! !

— Qu'est-ce à dire ? interrogea Monzé-Tonga en dégaînant son poignard... Aurais-tu la prétention de...

— De t'empêcher, interrompit violemment Daouda, de toucher à un cheveu de la tête de cette jeune fille de ma race !... Oui ! j'ai cette prétention et je la soutiendrai jusqu'à la mort !

— Meurs donc, vil esclave de race dégénérée, rugit le métis en s'élançant vers Daouda le poignard levé, tu ne me gèneras pas longtemps !..

Frappé à l'épaule gauche, le colosse poussa un cri de rage ; mais il avait gardé dans sa main droite le couteau de Siriatomba. Il en porta un coup furieux au métis qui chancela, la lame lui avait perforé les deux joues, enlevant presque toute la mâchoire inférieure...

Désormais c'est un duel à mort.

Les deux adversaires se sont jetés l'un sur l'autre et s'étreignent à se broyer les os. Bientôt ils roulent sur le sol. Monzé-Tonga crible de coups le corps de Daouda qui, plus fort, mais dont le bras gauche est paralysé, cherche à maintenir le métis sous soi pour lui défoncer la poitrine d'un coup de genou.

Nyémoéna pourrait intervenir et décider du sort de l'un de ces deux hommes qui s'entretuent : les poignards de Mata-Yafa et de Mona-Pého sont là, sous sa main... Mais la pauvre enfant, pâle sous sa peau d'ébène, tremble, hésite et craint toujours... Elle n'est pas sûre de la sincérité de Daouda... S'il allait lui aussi, se démasquant enfin, vouloir la posséder et déshonorer son âme de vierge chrétienne !... Elle ferme les yeux pour ne pas voir le sang couler ; elle voudrait fuir pour ne pas entendre les cris rauques des deux combattants, et le cri de rage qui précède chaque coup qu'ils frappent, mais elle ne peut pas même se lever. Alors elle embrasse étroitement son orphelin que l'épouvante a rendu sans connaissance et se met à prier.

— O Dieu des chrétiens ! Dieu des blancs, Dieu des pauvres noirs ! s'il est vrai, comme me l'ont dit les Pères Blancs, que votre Providence veille sur chacun de nous, ayez pitié de moi !... Mère blanche du ciel, je remets mon sort et celui de cet enfant entre vos mains toutes puissantes...

Une dernière plainte répondit à sa prière : Monzé-Tonga, cloué au sol par le couteau de Siriatomba qui lui traversait la gorge, venait de rendre son âme au diable. Daouda avait vaincu ; mais le colosse s'affaissa à son tour auprès du cadavre de son ennemi.

La vierge noire promena autour d'elle un regard atone, pencha la tête sur sa poitrine, et tomba dans une douloureuse prostration qui dura toute la nuit : nuit pleine de cauchemars sanglants et hideux, nuit terrible, épouvantable.

Elle fut tirée de ce lamentable état par le chant des oiseaux qui saluaient le lever de l'aurore en voltigeant au-dessus de sa tête, et par une voix plaintive qui vint frapper son oreille. Elle frissonna, fit le signe de la croix, et regarda le ciel... Des larmes brûlantes s'échappèrent de ses yeux et son cœur, dans une ardente prière, monta vers le Tout-Puissant.

— Nyémoéna !.. murmura la voix plaintive de Daouda, Nyémoéna !...

La jeune fille dont l'âme venait d'être fortifiée par une de ces intuitions mystérieuses que connaissent bien ceux qui prient avec ferveur et confiance, fussent-ils nègres, chinois ou esquimaux, rassembla toute son énergie, se leva et alla se pencher vers le brave noir.

— Nyémoéna, lui dit-il, j'ai fait beaucoup de mal à mes frères noirs depuis tant d'années que je leur fais la chasse avec les Rougas-Rougas des esclavagistes ; sans moi, vous-même ne seriez pas ici... Mais c'est pour vous que je vais mourir... Votre Dieu me pardonne-t-il ?

— Oui Daouda.

— Et vous, me pardonnez-vous ?

— Je vous pardonne du fond du cœur, car je vois, je sens, que vous êtes sincère.

— Oh ! oui, Nyémoéna ! Je suis sincère depuis que j'ai compris la pureté et l'honneur de votre âme que l'Arabe et les métis auraient voulu souiller.

— Vous croyez donc que nous avons une âme Daouda ?

— Oui ?

— Savez-vous ce qu'est l'âme ?

— Non ! pas bien ! mais assez cependant,

grâce à ce que j'ai entendu dans vos conversations avec vos frères et vos sœurs, quand j'étais votre hôte... pour désirer vivement le baptême avant de mourir.

— Vous ne mourrez point, Daouda.

— O Nyémoéna, priez votre Dieu et Celle que vous appelez votre Mère blanche du ciel ; priez-les qu'ils me guérissent, et j'irai implorer mon pardon du capitaine Joubert, et je combattrai les esclavagistes jusqu'à la mort !... Mais je ne puis pas guérir !... Voyez ! mon sang a coulé par vingt blessures, et mon bras gauche est inerte.

— Mon Dieu ! murmura la vierge noire, sauvez-le ! Ah ! soupira-t-elle, si les Pères Blancs étaient ici ! Eux qui ont guéri Caniata... Pauvre Caniata, mon frère, où es-tu ?...

— Nyémoéna, j'ai soif !... gémit le blessé.

— Mon Dieu, que faire ?

— Il y a une source... là... derrière le rocher.

Nyémoéna s'éloigna et revint sans avoir trouvé la source.

— Hélas! fit Daouda, j'y pense : les sources, dans cette région hantée par les esclavagistes, sont très souvent cachées avec du sable, c'est pourquoi vous n'avez pas trouvé celle qui se trouve si près d'ici.

— Ne pourriez-vous pas vous y traîner, Daouda ? Vous connaissez l'emplacement de cette source et vous la trouverez.

Le colosse fit un suprème effort et se traîna péniblement, soutenu par la jeune chrétienne :

— Je le pensais bien, dit-il en montrant le bout de roseau abandonné dans le sable ; puis il se laissa tomber lourdement sur le sol.

Nyémoéna qui connaissait bien cette façon d'aspirer l'eau, poussa un cri de joie et fit agenouiller son orphelin auprès d'elle :

— Place le creux de ta main sous la paille conductrice, mon *nuana,* dit-elle.

L'enfant tendit ses petites mains qui furent bientôt pleines, et Daouda put rafraîchir ses lèvres brûlantes.

— Merci ! merci ! soupira le pauvre noir. Maintenant, baptisez-moi, Nyémoéna, au nom de votre Dieu ; vous êtes chrétienne : vous savez donc baptiser.

— Oui, Daouda. La sœur et la mère du martyr Noé...

— A qui j'ai fait tant de mal !... interrompit le blessé.

— Et qui, du haut du ciel, intercède pour vous, assura la vierge noire, — m'ont appris, continua-t-elle, à baptiser. Dites-moi, vous regrettez, n'est-ce pas, tout le mal que vous avez fait à notre race, à vos malheureux frères noirs ?...

— J'ai horreur de mes crimes.

— Vous promettez, n'est-ce pas, si Dieu vous rend la santé, de combattre pour l'émancipation

10.

de notre race si injustement et si furieusement persécutée?

— Oh! je combattrai jusqu'à la mort! Jusqu'à la mort! croyez-moi, Nyémoéna.

— Et vous promettez aussi de vous instruire de la religion des Pères Blancs, si Dieu nous reconduit à la mission?

— Ah! je vous le répète, c'est mon plus ardent désir!

— Eh bien, Daouda, je vais vous baptiser. Quel nom chrétien choisissez-vous?

— Je ne sais pas! Je ne connais pas de noms chrétiens. Vous avez donc un nom chrétien, Nyémoéna?

— A mon baptême, j'ai reçu le nom d'Agnès.

— Donnez-moi le nom que vous voudrez.

— Je vais vous nommer Paul, car les Pères Blancs m'ont raconté un jour qu'un homme de ce nom-là était devenu apôtre, autrefois, après avoir, comme vous, persécuté ses frères.

— C'est bien, Nyémoéna; mais faites vite, car je sens que mes forces diminuent d'instant en instant.

— *Nuana*, dit la vierge noire à son orphelin, aspire un peu d'eau dans le creux de ta main, et viens la verser dans la mienne!...

Alors la jeune chrétienne laissa couler cette eau sur le front de Daouda, en murmurant : « Paul, je te baptise, au nom du Père, et du Fils et du Saint-Esprit. »

C'est à ce moment précis que les cinq femmes de la tribu de Mlésé arrivèrent près de la source, et s'arrêtèrent comme pétrifiées.

Au lieu de porter secours au blessé et à Nyémoéna, qui implorait leur assistance, nous les avons vu fuir. Elles retournèrent auprès des leurs, et leur racontèrent ce qu'elles avaient vu. Hommes et femmes décidèrent, d'un commun accord, qu'il fallait atteindre leur chef, pour prendre conseil de sa sagesse et de son expérience.

Mlésé ne fut pas longtemps à revenir avec ses hommes, qui portaient chacun une tranche d'éléphant.

— Nous avons été à la source, lui déclarèrent aussitôt les femmes, et nous y avons trouvé un noir tout couvert de blessures; près de lui se tenait une jeune femme et un enfant.

— La jeune femme était-elle aussi blessée? demanda le chef.

— Oui, à la poitrine.

— Et l'enfant?

— L'enfant ne portait aucune blessure.

— C'est étrange! dit Mlésé; jamais les esclavagistes n'abandonnent leurs victimes sans les frapper, de telle sorte qu'elles ne puissent plus que mourir d'inanition.

— Vous pensez donc que ce sont des esclaves abandonnés par les Rougas-Rougas?

— Assurément! N'avaient-ils pas encore la cangue au cou, ou les pieds entravés?

— Rien de tout cela! Ils étaient libres.

— Vous ont-ils adressé la parole?

— Oui. La jeune femme qui lavait le front du noir s'est levée à notre approche, et nous a dit :

— Oh! venez, sœurs! Nous sommes chrétiens! Nous souffrons! Ne craignez rien! Les missionnaires de France vous béniront!

— Ils parlent donc le kiswahili?

— Très certainement!

— Donc, ils ne sont pas étrangers à notre région, conclut Mtésé, en se parlant à lui-même, ils ne peuvent venir de bien loin. Puis, s'adressant à toute sa tribu assemblée :

— Il faut aller chercher ceux que les esclavagistes ont abandonnés, prononça-t-il; nous les soignerons, nous les guérirons. Nous saurons par eux le danger qui nous a menacés cette nuit, et peut-être apprendrons-nous beaucoup d'autres choses encore. Allons! ce sont des frères qui ont imploré notre secours. Montrons-leur que nous ne sommes pas insensibles; il aurait pu en arriver autant à chacun de nous.

La tribu tout entière se répandit au dehors, et se dirigea vers la source avec empressement.

CHAPITRE XV

Nous voici dans les premiers jours de l'année 1888, c'est-à-dire environ trois mois après les événements rapides que nous venons d'esquisser.

Recueillis avec bonté par Mtésé et sa petite tribu, Daouda, après avoir beaucoup souffert, se trouve aujourd'hui complètement rétabli et aussi vigoureux que par le passé ; et Nyémoéna, qui dispose d'une case spéciale pour elle et son orphelin, enseigne aux enfants de la tribu hospitalière ce qu'elle sait de la religion chrétienne. Elle leur a appris son cantique privilégié à la Vierge Marie, et c'est avec une joie enfantine et toujours nouvelle, que les mères viennent entendre leurs négrillons et leurs négrillonnes chanter :

> Le lis, la rose,
> Toutes les fleurs
> Sont peu de chose ;
> Garde nos cœurs.

Cependant, Nyémoéna est triste. Elle pense à ses sœurs, à Caniata, aux Pères Blancs, à l'orphelinat, au capitaine Joubert, à tout ce que son cœur aime. Que sont-ils devenus ?... Comme elle attend avec une douloureuse impatience le jour où Mtésé, selon la promesse qu'il lui a faite, consentira à l'accompagner avec toute sa tribu, à la mission française du lac Tanganica!... Comme son cœur parfois sanglote à la pensée qu'elle reverra l'emplacement désolé de son village natal, et les grands palmiers témoins des jeux de son enfance !...

Mais tout a bien changé d'aspect là-bas, et la vierge noire ne s'y reconnaîtra plus.

Sur l'emplacement des ruines du village des Wabikari, un nouveau village chrétien s'est dressé, et grande sera la surprise réservée à Nyémoéna.

Tout autour du nouveau village s'élève une haie vive de cactus et de figuiers de Barbarie ; puis s'étend un immense espace circulaire complètement défriché et déjà couvert d'une luxuriante végétation de maïs, de sorgho, d'igname, de manioc et de légumineuses. Dans un grand enclos bondissent des chèvres et leurs cabris. Une multitude de sentiers sillonnent le territoire. En face de l'entrée du village s'élève un tertre surmonté d'une croix gigantesque : sous ce tertre reposent les ossements des victimes des esclavagistes, ossements déjà blanchis, recueillis au milieu des ruines. Au centre du village, comme une tendre mère au milieu de ses enfants, la chapelle qui abrite Jésus-Hostie, le Dieu d'amour, domine toutes les autres cases, et à trois cents mètres en arrière, sur la lisière de la forêt, un fortin sur lequel flotte la bannière pontificale et le drapeau de la France, abrite le capitaine Joubert et ses hommes qui veillent, tout en cultivant la terre, sur ce nouveau village chrétien.

Voilà le spectacle qui va dans quelques jours frapper les regards de Nyémoéna.

Nous disons dans quelques jours, car la vierge noire vient de supplier Mtésé de lui permettre de retourner à la mission avec son orphelin et Daouda qui connaît très bien la route :

— Ou mieux, dit-elle au chef de sa tribu, accompagnez-nous. Vous vous établirez sur les bords du lac Tanganica, sous la protection des missionnaires et du capitaine blanc que Dieu a conservé sans doute pour le bonheur des noirs. Nous les retrouverons... Je vous montrerai l'image de notre Mère blanche du ciel... Les petits enfants de votre tribu apprendront la religion des Pères Blancs, et vous vivrez en paix dans la plus entière liberté.

— Mais si, pendant le voyage, nous faisons la rencontre des esclavagistes ?... objecta Mtésé.

— La confiance que j'ai en notre Dieu et notre Mère blanche du ciel, répondit Nyémoéna, en mettant la main sur son cœur, me dit que nous n'en rencontrerons point. Au surplus, tous les hommes de votre tribu ont leur lance et leur javeline, et Daouda, qui eut soin de vous recom-

mander, quand vous le fîtes transporter de la
source jusqu'ici, de prendre les fusils et les
munitions des trois métis, vaut à lui seul vingt
braves : il est courageux et sait manier le
tonnerre des blancs. Venez donc !... Partons !...
ajouta Nyémoéna avec un accent irrésistible : les
missionnaires de France vous béniront.

Ébranlé, convaincu par la confiance et les rai-
sonnements de Nyémoéna, Mtésé donna aussitôt
l'ordre du départ. L'ameublement étant dans
l'Afrique équatoriale complètement nul, la tribu
quitta sans entraves ni difficultés la gorge étroite
où elle avait vécu relativement heureuse, et suivit
la jeune chrétienne. Chacun emportait quelques
poignées de sorgho pour provision de bouche :
c'était tout. Daouda ouvrait la marche armé d'un
fusil; Nyémoéna le suivait portant un deuxième
fusil; Mtésé fermait la marche. Il portait le troisième fusil, prêt à le passer à Daouda en cas
d'alerte. La vierge noire fit un grand signe de
croix, adressa à Dieu une fervente prière, et la
caravane se mit en marche.

CHAPITRE XVI

A l'entrée du nouveau village chrétien en Wabikari, au pied du calvaire, Nyandéa, Marrasilla et Caniata s'entretiennent avec le P. Dromaux et deux autres missionnaires :

— C'est fini ! soupire Caniata, nous ne reverrons plus notre chère Nyémoéna.

— Non !... ajoute Nyandéa, nous ne la reverrons plus jamais !... pauvre sœur !... Si elle n'a pas été reprise par les esclavagistes en déroute et vendue, elle aura sûrement succombé sous la dent des bêtes féroces. D'une façon comme de l'autre, elle est perdue pour nous... Ah ! si j'avais la certitude que les fauves l'ont dévorée, j'en bénirais le ciel, car l'esclavage...

— Je vous dis, interrompit Marrasilla, que nous la reverrons.

— Enfant !... murmura Caniata.

— Oui ! insista Marrasilla, nous la reverrons ! J'attends son retour pour me faire religieuse. Je passe des heures entières aux pieds de notre Mère blanche du ciel, dans la chapelle du village, et quelque chose me dit :

Nyémoéna va revenir... tu reverras la sœur...

— Si c'était vrai ! dit Nyandéa en essuyant

11

les larmes qui coulaient sur ses joues. Qu'en pensez-vous, Père, demanda-t-elle au P. Dromaux.

— Rien n'est impossible à Dieu, mes enfants, assura le vaillant missionnaire. Le retour de votre sœur est donc possible, quoique humainement improbable. Elle était bonne chrétienne, baptisée depuis plus de six ans; c'était la fleur de votre tribu. Comme vous, elle aimait la Sainte Vierge d'une ardente affection. Cette bonne Mère s'est toujours plu à exaucer ceux qui mettent en elle toute leur confiance. Nyémoéna l'aura certainement invoquée dans tous ses périls, dans son immense infortune, et la Reine du ciel et de la terre n'aura pas permis que les hideux esclavagistes musulmans fassent d'elle une courtisane de harem pour ensuite la jeter à la voirie. Marie aura prié son Jésus de rappeler votre sœur à lui; dans son beau ciel où l'on ne souffre plus, où la bonne Providence aura veillé sur elle pour la conduire en lieu sûr et peut-être nous la ramener.

— O Père, vous nous rendez l'espoir, s'écrièrent Caniata et Nyandéa.

— Et votre espoir ne sera pas trompé ! affirma Marrasilla; car lorsque je prie aux pieds de notre Mère blanche du ciel, une voix secrète me dit là au cœur ce que le Père Blanc vient de nous faire entendre...

Cependant Nyémoéna, transportée de joie à la pensée qu'elle allait revoir la mission et l'orphe-

linat, marchait avec ardeur, suivie de toute la
tribu que Daouda guidait. Toutefois la vierge
noire devenait par instants pensive... et de
grosses larmes jaillissaient alors de ses yeux,
elle se demandait dans ces moments de tristesse
ce qu'étaient devenus ses sœurs, son frère
Caniata, tous les survivants de sa tribu, les Pères
Blancs, la mère et la sœur du martyr Noé et le
capitaine Joubert... Si elle allait ne plus retrouver
aucun de tous ceux qu'elle avait connus et aimés !...
A ces pensées, une angoisse inexprimable s'em-
parait de son âme et elle se sentait défaillir. Mais
levant les yeux au ciel et invoquant Marie, elle
reprenait confiance, car il lui semblait entendre,
elle aussi, une voix secrète qui lui disait au
cœur :

Va ! tu les retrouveras tous ! ! !...

La tribu de Mtésé passa la nuit dans le lit d'un
petit torrent desséché, sous les lianes et parmi
les roseaux. Le lendemain, au premier chant de
la fauvette, elle se remit en marche; Daouda
comptait arriver sur l'emplacement de l'ancien
village des Wabikari, au moment où l'ombre des
grands palmiers s'allonge, quand le soleil descend
sur le mont Shamato.

Vers le milieu du jour, les voyageurs arrivèrent
en face d'une petite colline boisée au sommet de
laquelle ils aperçurent tout à coup plusieurs
lions. Aussitôt les compagnons de Mtésé se dis-

posèrent en cercle et gravirent la colline en se rapprochant de plus en plus les uns des autres. Resté dans la plaine avec Nyémoéna et Mtésé, Daouda vit l'un des lions posé sur un quartier de roche qu'entourait le cercle des noirs, actuellement fermé de toute part, et lui envoya un coup de fusil ; la balle atteignit le rocher où l'animal était assis. Le lion mordit l'endroit que le projectile avait frappé, comme un chien mord la pierre ou le bâton qui lui est jeté ; puis, s'enfuyant d'un bond, il franchit le cercle d'hommes qui s'ouvrit à son approche, et il s'échappa sans blessure ; les noirs, contre leur habitude, n'avaient pas osé l'attaquer. Le cercle fut bientôt reformé ; deux autres lions y apparurent ; mais cette fois Daouda n'osa pas tirer dans la crainte de frapper l'un des hommes qui les entouraient, et qui leur permirent encore de s'enfuir sains et saufs. Si les indigènes avaient agi suivant la coutume de leur pays, les lions auraient été tués à coups de lances au moment où ils essayaient de s'échapper ; mais nos chasseurs ne firent pas même usage de leurs armes. Voyant qu'ils ne se décidaient pas à l'attaque, Mtésé donna l'ordre du départ et ils reprenaient leur chemin, lorsqu'en tournant la colline, Daouda aperçut un des lions posé sur un quartier de roche comme le premier, mais cette fois tapi derrière un buisson ; il était environ à trente pas de l'animal. Il le visa atten-

tivement au corps à travers les broussailles et lui
envoya une décharge. Mtésé allait lui passer le
troisième fusil quand les noirs s'écrièrent :

— Il est touché ! Il est touché ! Allons à lui !

Derrière le hallier Daouda n'apercevait que la
queue du lion, qu'il dressait avec colère; et se
retournant vers ceux qui accouraient, il leur dit
d'attendre qu'il eût déchargé le troisième fusil.
Mais soudain, il entendit pousser un cri de ter-
reur; il tressaillit, leva les yeux et vit le lion qui
s'élançait sur lui...

Daouda se trouvait sur une petite éminence, le
lion le saisit à l'épaule et ils roulèrent ensemble
jusqu'au bas du coteau. Rugissant à son oreille
d'une horrible façon, il l'agita vivement comme
un basset le fait d'un rat. Cette secousse plongea
le brave noir dans la stupeur que la souris
semble ressentir après avoir été secouée par un
chat, sorte d'engourdissement où l'homme me-
nacé n'éprouve ni le sentiment de l'effroi, ni
celui de la douleur, bien qu'il ait parfaitement
conscience de tout ce qui lui arrive; un état
pareil à celui des patients qui, sous l'influence du
chloroforme, voient tous les détails de l'opéra-
tion, mais ne sentent pas l'instrument du chi-
rurgien.

Le lion avait l'une de ses pattes sur le derrière
de la tête de Daouda ; en cherchant à se dégager
de cette pression, le colosse se retourna et vit le

regard de l'animal dirigé vers Nyémoéna, qui le
visait à une distance de cinq pas à peine...
L'animal abandonnant alors Daouda, bondit vers
la vierge noire, qui lâcha la détente... Au même
instant la première balle qu'il avait reçue pro-
duisant son effet et celle de Nyémoéna l'ayant
frappé en plein poitrail, le lion tomba foudroyé.
Tout cela n'avait duré qu'un moment, et Daouda
en était quitte pour quelques blessures sans gravité. Nyémoéna fut entourée et chaleureusement
complimentée pour ce coup de maître, puis la
caravane se mit en route. Nul autre incident ne
vint troubler sa marche, et quelques heures
après, selon le calcul de Daouda, elle arrivait en
présence du nouveau village dont nous avons
donné la description.

— Dieu! s'écria Nyémoéna en tombant à genoux, et en fondant en larmes, à la vue de la
croix du Calvaire et de celle de la chapelle, et
aussi en voyant flotter le drapeau de la France
et la bannière pontificale au sommet du fortin,
dans le fond de cet harmonieux ensemble, Dieu!
est-ce un rêve?...

Daouda était stupéfait.

Quelle transformation depuis trois mois!...

La caravane s'était arrêtée et regardait toute
surprise, ne sachant à quoi attribuer l'émotion du
colosse et de la vierge noire. Celle-ci se releva et
allait donner quelques explications à Mtésé et

aux siens, lorsqu'une grande clameur s'éleva dans le village :

— Les esclavagistes !... Les esclavagistes !... Aux armes ! Aux armes ! Vive la liberté !

Aussitôt, du fortin l'on vit accourir, la carabine au poing, une centaine de noirs précédés du capitaine Joubert. A cette vue, la caravane entière se débanda, et les noirs se disposaient à prendre la fuite, quand Nyémoéna les retint d'un mot :

— C'est le capitaine blanc dont je vous ai parlé, ne craignez rien !

Les antiesclavagistes se furent bientôt rendu compte de la méprise des habitants du village qu'ils avaient mission de défendre, et le capitaine Joubert s'avança au-devant des étrangers. Nyémoéna marcha à sa rencontre, et bientôt se jeta à ses pieds en lui baisant les mains :

— Vous?... s'écria le capitaine Joubert, vous, Nyémoéna ?...

— Oui !... murmura la vierge noire dans un sanglot. Dieu et notre Mère blanche du ciel m'ont reconduite ici...

— Ah! Dieu soit loué! dit Joubert avec enthousiasme ; mais relevez-vous, Nyémoéna, ajoute-t-il ; vous êtes chrétienne, et par conséquent mon égal, et il tendit la main à la négresse pour la relever.

— Et mes sœurs ?... demanda-t-elle.

— Sauvées ! Nyémoéna.

— Et Caniata ?...

— Sauvé aussi ! Ils sont ici, tous, et tous ont été délivrés.

— O Mère blanche du ciel, merci ! merci !

Bientôt tout le village accourut, et Nyémoéna se jeta tour à tour dans les bras de ses sœurs et dans les bras de Caniata, qui pleurait comme un petit enfant...

Cependant, Caniata a reconnu Daouda, qui n'ose approcher, et qui a déjà eu la tentation de fuir pour toujours dans les jungles, à la pensée qu'on ne lui pardonnera peut-être jamais ses anciens crimes.

— N'est-ce pas là, demande Caniata, en serrant son fusil d'une main frémissante, l'auteur de toutes nos infortunes?...

— Lui-même, répond la vierge noire, en se plaçant entre son frère menaçant et Daouda. Mais aujourd'hui, il est chrétien et ne désire rien tant que de s'instruire des vérités de la religion des Pères Blancs, et prouver son repentir et son dévouement.

— Mais tu as donc oublié notre père, nos frères, et tout le mal qu'il nous a fait?...

— Oui! J'ai tout pardonné, tout oublié, car il a beaucoup souffert pour moi, et c'est à lui que vous devez de me revoir.

Caniata tendit la main à Daouda qui la baisa avec amour; puis le colosse alla se jeter aux pieds du capitaine Joubert et lui demanda pardon. De grosses larmes perlaient sur ses paupières.

Emu, le capitaine le releva et l'embrassa.

— Ah! s'écria le brave noir dans un transport de reconnaissance, ma vie tout entière appartient à chacun de vous. Croyez Daouda! Il est sincère et combattra jusqu'à la mòrt pour l'indépendance de sa race.

Ensuite, Nyémoéna fit le récit de ses aventures et de ses souffrances, et le capitaine blanc s'entretint avec Mtésé qui fut heureux d'apprendre qu'il pouvait, sous la protection des antiesclavagistes, s'établir avec sa tribu non loin du fortin.

Bientòt les missionnaires arrivèrent, et ce furent de nouveaux transports de joie et d'amour : ils étaient donc enfin tous réunis !

Enfin, les Pères Blancs assemblèrent en face de la chapelle le village tout entier, les hommes de Joubert et la tribu de Mtésé, émerveillée d'un accueil si sympathique, si empressé, si respectueux, en un mot si chrétien.

Le Père Dromaux, dans une ardente prière, remercia Dieu dont la bonne Providence avait veillé sur les âmes qui leur étaient si chères, sur ces âmes pour lesquelles ils avaient quitté leur France bien-aimée, leurs parents, leurs amis, et renoncé à toutes les joies légitimes et à toutes les douceurs permises de la vie. Sa prière terminée, Nyémoéna, accompagnée de ses deux

11.

sœurs, s'avança jusqu'au pied de l'autel de la Vierge Immaculée, et d'une voix entrecoupée de sanglots, elle chanta :

O bonne Mère
Regarde-moi,
Que ma prière
Monte vers toi !
Sous ton empire
Pour moi si doux,
Fais que j'expire
A tes genoux.

Le cœur des trois vierges noires débordait d'amour et de reconnaissance... et dans un suprême élan d'espoir elles s'écrièrent d'une seule voix :

O Mère blanche du ciel, vous sauverez l'infortunée race noire vouée à l'esclavage !!!

En terminant, que nos lecteurs apprennent ce que sont devenus les principaux personnages que nous avons mis en scène pour les faire compatir au sort de la race noire.

Le 13 février 1888, le brave capitaine Joubert épousait Nyémoéna baptisée sous le nom chrétien d'Agnès. C'est après avoir pesé sérieusement toutes choses qu'il a conclu cette alliance avec la race au salut de laquelle il a voué sa vie. En septembre de la même année, il écrivait à son frère :

« Tu as une noire belle-sœur : *Nigra sed formosa.* »

Honneur à toi, ancien zouave pontifical! Honneur à toi, Français qu'anime encore le souffle chevaleresque de nos vieux croisés!

L'orphelin que Nyémoéna avait adopté est au séminaire de la mission et un jour évangélisera ses frères noirs.

Nyandéa est devenue l'épouse de Katendé.

Marrasilla, selon sa promesse, est entrée dans la communauté des religieuses de Bagamoyo.

Enfin Caniata et Daouda, qui maintenant est bien l'homme le plus ardemment dévoué, sont les deux courriers de confiance de la mission; poste dangereux, mission difficile à accomplir, depuis que les esclavagistes, pour empêcher les communications des missionnaires avec la côte, ont juré d'exterminer tous leurs courriers.

Quant au Père Dromaux, il continue, avec les compagnons de ses travaux et de ses sacrifices, ce sublime apostolat que Dieu seul est assez magnifique pour récompenser dignement. En effet, tous les honneurs et toutes les richesses des grands de la terre ne valent pas une seule des larmes, un seul des soupirs, une seule pulsation du cœur du missionnaire de Jésus-Christ.

Guerre donc à l'esclavage!!!

Le grand pontife Léon XIII a donné au cardinal Lavigerie la plus belle mission que puisse recevoir un prince de l'Église romaine. Obéissant à sa parole et aux nobles aspirations de son cœur, le cardinal français est allé, nouveau Las Cases, plaidér la cause des esclaves devant les empereurs et les rois. Comme Pierre l'Ermite et saint Bernard prêchèrent pour la délivrance des Lieux Saints, il a prêché pour l'abolition de l'esclavage.

Sur ce terrain-là, il ne peut exister divergences d'opinions ; aussi toutes les nations, catholiques, hérétiques, schismatiques, et même infidèles, à l'exception de celles qui se livrent à l'abominable et satanique trafic des esclaves, toutes les nations crient au cardinal Lavigerie :

« Courage ! magnanime libérateur des esclaves ; nous sommes avec vous : c'est notre dignité que vous vengez, en travaillant à détruire cette tyrannie, la plus infâme de toutes les tyrannies, la honte de l'humanité : ceux que vous voulez rendre à la liberté sont nos frères ! »

Jésus-Christ est mort pour eux comme pour nous : à eux comme à nous, il a été dit : Frères, *vous êtes appelés à la liberté : il n'y a plus ni juif, ni gentil, ni scythe, ni barbare : vous êtes tous à Jésus-Christ.*

Guerre donc à l'esclavage !

Déjà ce pressant appel a été entendu. Déjà des hommes généreux se lèvent et s'offrent : la charité fournira les ressources nécessaires à une entreprise que le ciel doit bénir.

O vous pour qui nous avons écrit ces humbles

pages, vous surtout jeunes filles pures, compatissantes et modestes, qui êtes l'espoir et l'avenir de la France, vous tous enfin, qui vous sentez émus du sort lamentable des pauvres noirs, priez! donnez! pour le rachat des esclaves et pour l'émancipation de l'Afrique équatoriale :

Dieu le veut!!!

FL. BOUHOURS.

FIN

www.ingramcontent.com/pod-product-compliance
Lightning Source LLC
Chambersburg PA
CBHW060546210326
41519CB00014B/3366